Heibonsha Library

[増補]魚で始まる世界史

平凡社ライブラリー

Heibonsha Library

［増補］

魚で始まる世界史

ニシンとタラとヨーロッパ

越智敏之

平凡社

本書は『魚で始まる世界史――ニシンとタラとヨーロッパ』
（平凡社新書、二〇一四年）を改訂増補したものです。

まえがき

シェイクスピアの『テンペスト』のなかに、「お前を干ダラ《ストックフィッシュ》にしてやるからな」という台詞《せりふ》がある。そもそもはこの台詞が本書を執筆するにいたる経緯の出発点だった。「干ダラ《ストックフィッシュ》にする」とはどういうことか。いや、そもそも「ストックフィッシュ」とはなんだろうか。

よくよく調べてみると、「ストックフィッシュ」とは北欧の干ダラの一種だった。寒冷な気候で塩を使わず長期間にわたって乾燥させるため、水分をほとんど失って硬くなり、調理をするには木槌で何十分も叩いて、一晩水に漬けてからでなければならない。なるほど、「ストックフィッシュにしてやる」とは、さんざんに殴って、海に投げ捨ててやるということだ。そう得心すると同時に、日本人としてのプライドがすこし傷ついてしまった。

西洋の食と聞けば肉をイメージしないだろうか。私はそうだった。しかも、それまで私は干物といえばたとえばアジの開きといった、柔らかいものしか知らなかった。そんな硬い干物がヨーロッパにあるとは。魚食といえば日本という実際には何の根拠もないプライドが揺らいでしまったのだ。

その話を北海道出身の学生時代の友人に話したところ、北海道にも棒ダラという干物があると教わった。友人曰く、「人を殺すことができるほどに硬い」。友人は子供のころ、悪さをすると父親から棒ダラで殴られ、その度に父親に、「おやじ、頼むから棒ダラだけはやめてくれ」と哀願したという。もちろん、酒の席での冗談だとは思うが。

ちなみに京都には「いもぼう」という料理を出す店がある。この棒ダラを海老芋と一緒に煮込んだ料理だ。イモとタラは相性がいいのだろうか、イギリスやアメリカのレシピを見ると、タラ料理は付け合わせとしてよくジャガイモを使っている。

日本人の魚食民族としてのプライドはかろうじて守られた格好だが、しかしそれでもまだまだ疑問は湧き出てくる。『テンペスト』の舞台は地中海のどこかにある孤島だが、イメジャリーのうえでは新世界のそれが付与されている。島の先住民であるキャリバンにもネイティヴ・アメリカンのイメジャリーが付与されているのだが、同時に彼は、作品のなかで徹底的にタラ扱いされるのだ。これはどうしたことか。

実際には西洋の食の中心は肉というイメージが確立するのは、十八世紀に農業革命のおかげで肉類を一年をとおして供給するシステムが確立してからだ。それまでは意外にも、魚のほうが肉より消費量が多かったと言っていい。実は中世盛期のキリスト教社会では一年の半分は魚を食べて過ごしていたのだ。当時のカトリック教会においては一年のおよそ半分が断食日だった。ところがその断食日には魚は食べることを許されていた、というよりはむしろ、断食日は積極的に魚を食べる日として「魚の日《フィッシュ・デイ》」と呼ばれていた。

一年の半分を全キリスト教徒が積極的に魚を食べる。この宗教的要請がヨーロッパにもたらしたものを想像してほしい。巨大な経済的需要、そしてそれを支えるための漁業や運送の巨大な経済システム。そしてそのシステムのなかで主要な商品として流通したのがニシンとタラだったのである。つまりニシンやタラは巨万の富の源泉であり、国家戦略上重要な存在だったのだ。したがってたかが魚でありながら、ニシンとタラは国の盛衰と大きく関わりさえしたのだ。

回遊魚のニシンは現代でもよく分からない理由でその回遊コースを変えることがある。そしてその回遊コースが大きく変わるたびに国家の運命が変わった。ヴァイキングが故郷を捨ててブリテン島に来襲した背景には、このニシンの回遊コースの変化があったのだと説く歴史家がいる。ハンザが躍進した背景には、その中心都市であるリューベックの近海で、ニシンの大群が産卵したことがあった。ところがそのニシンの群れは回遊コースをバルト海から北海に変えてしまい、ハンザは衰え、かわりにオランダが飛躍する。スペインの支配下にあったオランダがその軛《くびき》から脱し、スペインに代わって海洋覇権を獲得するにいたる道程の、そもそもの出発点の一つがニシンだったのである。

一方タラはというと、宗教的要請によって生まれた全ヨーロッパ規模の魚の供給システムを、新大陸まで拡大させ、新大陸を旧世界のシステムのなかへと取り込んでいった媒体の一つとして働く。そもそも大航海時代自体が、タラがなければあれほど爆発的なものにはなりえなかったと主張する歴史家もいる。タラのなかでも塩を使って日干しした塩ダラは五年近くもの保存がきき、赤道を越えても腐らない数少ない食品の一つだったからだ。未知の世界へ向けての航海はもちろん、新大陸に向けての航海でも塩ダラは必需品だった。そしてアジアへの航路を求めてブリストルから西に向かったジョン・カボットが、北米大陸で発見したのは海面が盛り上がらんばかりのタラの大群だった。

以降カナダ東部からニューイングランドにかけての海域は、旧世界にとって重要なタラの供給地になる。その地域への植民を経済的に可能にしたのもタラであり、それどころか、アメリカが大英帝国から独立する背景にも、タラが一枚かんでいた。ネイティヴ・アメリカンのイメジャリーを付与されたキャリバンが、同時にさんざんタラ扱いされているのも、けっして偶然というわけではない。

本書はニシンやタラの漁業史を中心に扱ってはいるが、筆者はけっして歴史を専門としているわけではない。文学から出発し、歴史書の海のなかを、筆者自身が第一の読者として泳いでまわり、あの有名な歴史の背景に、「へー、魚がこんなふうに絡んでいたんだ」と驚いた出来事を集めて本書を書き上げた。執筆にあたっては細心の注意を払ったが、歴史を専門としない者ゆえの誤解や過ちがあるかもしれない。そうした個所に気づかれた読者には、是非ともご指摘いただければ幸いと思う。将来のための参考とさせていただきたい。

目次

まえがき……5
第一章　魚と信仰……17
1　大きな魚と小さな魚……18
2　魚の女神……20
3　聖餐式の魚……24
4　ユダヤの魚……27
第二章　フィッシュ・デイの政治経済学……35
1　汝、食べることなかれ……36
2　性欲を生み出すもの……39
3　断食日の魚……42
4　断食の経済学……48
5　充満する粘液……50
6　ポリティカル・フィッシュ・デイ……54
第三章　ニシンとハンザ、オランダ……63

1 ニシン以上に殺す……64
2 ニシンとヴァイキング……71
3 ハンザ……74
4 ウィレム・ブーケルス……82
5 ニシンの戦い……86
6 ニシンの骨の上に建つ街……91

第四章 海は空気と同じように自由なのか？……101

1 レッド・ヘリング……102
2 海は誰のものか……107
3 『自由海論』……114
4 アサイズ・ヘリングとランド・ケニング……117
5 海洋主権……125
6 オランダの衰退……136

第五章 『テンペスト』の商品ネットワーク……141

1 なんと素晴らしい新世界……142

2 ヴァージニア海に浮かぶこの有名な島……153
3 ワインを塩ダラに変える魔法……158

第六章 ニューファンドランド漁業……165

1 ニューファンドランド発見……166
2 豊饒の海……171
3 三角貿易とサック・シップ……179
4 タラ漁と自由主義……182
5 英雄キャプテン・カーク……189
6 三角貿易の支配者……200
7 商人と革命……205
8 サラ・カーク……211

第七章 ニューイングランド漁業……217

1 ジョン・スミスとニューイングランド……218
2 一六〇〇年目の奇跡……222
3 農民と漁師……229

4 スクーナーの登場……238
5 戦いの海……246
6 聖なるタラ……252

第八章 魚はどんなふうに料理されたのか？……257

1 マグロ……258
2 ウナギ……260
3 ニシン……265
4 タラ……269

あとがき……272
平凡社ライブラリー版 あとがき……276
参考文献……285

第一章　魚と信仰

1　大きな魚と小さな魚

だが、イクテュスである私たちのイエス・キリストに従って水の中で生まれた私たち小魚たちには、水中にとどまっている以外に安全でいられる場所はない。

（『中世思想原典集4　初期ラテン教父』、平凡社）

これは二世紀から三世紀にかけて活躍した教父テルトゥリアヌスの『洗礼について』からの引用である。グノーシス主義の一派である「カイン派の異端から改宗した蛇」が洗礼の正当性を否定したことを弾劾するくだりで出てきた言葉だ。これだけではなんとも謎めいた台詞《せりふ》になるので、ある程度説明が必要だろう。まずは「イクテュス」だが、これはギリシア語で「魚」の意味である。テルトゥリアヌスは『洗礼について』をラテン語で執筆しているので、この部分だけギリシア語由来の言葉が使われている。つまり信者たちは大きな「魚」であるイエス・キリストに付き従う「小さな魚」で、洗礼の「水」から離れてしまっては救済への道から外れてしまう、という程度の意味である。

キリスト教の初期の時代、信者のあいだではこの「イクテュス」という言葉が、たんに「魚」

という以上の意味を持つ場合があった。「イクテュス」のギリシア語での綴りはΙΧΘΥΣになる。もちろん「魚」という意味なのだが、この言葉は同時にΙΗΣΟΥΣ ΧΡΙΣΤΟΣ ΘΕΟΥ ΥΙΟΣ ΣΩΤΗΡ，日本語に直すと、「イエス、キリスト、神の、子、救世主」という五つの単語の、それぞれの頭文字を並べたものでもあった。さらにこの言葉は同時に、魚を幾何学的に表現したキリスト教徒たちのシンボルの呼称でもあった。このシンボルは現在でもジーザス・フィッシュと呼ばれており、戦場に行った兵士の無事を祈る黄色いリボンのマークとしてよくお目にかかる。最近は日本でもよくさまざまな色合いのものが、デザインとして利用されているようだ。初期のキリスト教徒たちは迫害を受けていたため、おたがいの信仰を確認するための暗号としてこのシンボルを使っていたと考えられている。

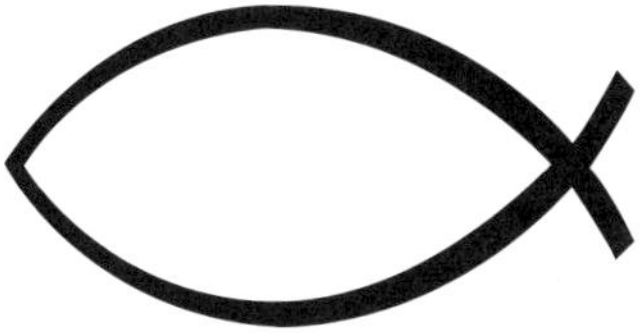
ジーザス・フィッシュ

　テルトゥリアヌスがラテン語で執筆した文献のなかで、この言葉だけギリシア語由来の言葉で表現したのも、彼自身がこのシンボルを知っていたからだとする向きもあるが、もちろんはっきりしたことはよく分かっていない。そうしたシンボルの存在を知らなくても、「イクテュス」が「魚」という意味であることさえ分かればこの文の趣旨はとおるし、加えてキリスト教初期の時代にイエス・キリストを魚に喩えるメタファーは、このシンボルに限らずかなり広範に見てとることができたからだ。

しかし、そもそもなぜイエス・キリストもその信者も「魚」で表現されるようになったのか、その理由は文献では確認されていない。

2 魚の女神

魚は多産である。そのため、貴重な動物性タンパク質として、人類はきわめて早い時期から魚に頼ってきたことだろう。キリスト教が成立した時期の地中海世界では、キリスト教との関わり以外の領域においても、広範に魚がシンボルとして利用されていた。イエス・キリストとその信者たちがどうして魚になってしまったのか、その理由はたしかに文献のなかでは確認できないが、地中海世界にあまねく広まっていた魚のシンボルの研究をとおして、ある程度の推論は立てられている。

チグリスとユーフラテスの恵みを受けて発展したメソポタミア文明では、すでに新石器時代のハッスーナ期（紀元前六〇〇〇年頃）には、魚と魚をついばむ鳥の文様が描かれた陶器が作られていた。その時代から少し下ったウバイド期には、神殿に捧げられた供物《くもつ》として、魚や鳥の骨が発掘されている。また紀元前二九〇〇年から紀元前二六〇〇年頃にかけて栄えたジェムデッド・ナスル期においても、魚は円筒印章のモティーフの一つとしてよく利用されていた。魚に恵まれた海と川に囲まれた地域だからこそ、と言うこともできるが、神殿への供物として利用されてもいたことからうかがえるように、魚は彼らの宗教のなかで重要な意味合いを持つようになっていた。

『イラク』に「古代メソポタミアの魚の供物」と題する有名な論文を掲載したエリザベス・ダグラス・ヴァン・ビューレンによれば、メソポタミア文明では魚がかなり早い段階で豊穣の女神と結びつけられていた。もちろん、多産な魚は豊富に獲れる。そのため「供物のリストのなかでは、ほとんどすべての神が「籠一杯の魚」を捧げられていた」そうだ。ところがヴァン・ビューレンがとくに注目したのは、「指定された供物が信じられない量の魚だけという神々」の存在だった。「これらの神々は水となんらかの関係を持っていた神々ばかりとは思えない。一般的に豊穣と結びつけられていた神々である」。すなわち、シュメールのイナンナ、アッカド帝国の時代にはイシュタルと呼ばれた、戦いと豊穣の女神のことだ。ニンニ（イナンナの別称）へ捧げられた讃歌の一つによれば、この女神は「魚の外套を羽織り、足には魚をサンダルとして履き、手には魚の笏《しゃく》を持ち、魚の玉座につき、喜びにあふれた輝く船に恩恵を積み込んで水上を旅し、一方魚たちは大挙して押し寄せて女神に敬意を示し、その道行《みちゆき》の先導をした」とヴァン・ビューレンは紹介している。

また、ヴァン・ビューレンによれば魚は一見、豊穣とは無関係と思える儀式とも結びついていた。墓石に刻まれるなど、葬儀とも関係が深かったのである。そのことについて彼女は、「きわめて早い段階で魚は「生命」を表し、そして後世になって復活の観念が原因で魚が葬儀で使われるようになったというのは、あり得ることだ」と言っている。彼女の見解に従えば、メソポタミア文明の数千年間のあいだ、魚は豊穣のシンボルであると同時に葬儀のシンボルであり、そしてそのどちらにおいても生命のシンボルであるということになる。

このイシュタルがシリアに渡って、アタルガティスになる。この女神もイシュタル同様豊穣の女神で、シリアの現在のアレッポの北東九十キロにあったヒエラポリスがその崇拝の中心地だった。シリアで二世紀に生まれたギリシアの風刺作家であるルキアノスが『シリアの女神』のなかで、アタルガティスとその崇拝の様子を現在に伝えている。ルキアノスによればヒエラポリスにあるアタルガティスの神殿はシリアでも最大のもので、しかも「彼らの富の主要な源」であった。というのも、「アラビアやフェニキア人、バビロニア人、そしてシシリア人のもとから莫大な金が彼らのもとにもたらされ、さらにはアッシリア人も貢物《みつぎもの》を捧げて」いたからだ。そして神殿の近くには恐ろしく深い湖があり、「そこでは様々な種類の聖なる魚が育てられている。それらのなかにはとても巨大になるものもいて、名前がついており、名前を呼ぶと寄ってくるのだ」。

紀元前五世紀から紀元前四世紀にかけて活躍した歴史家のクセノフォンも、ヒエラポリス付近を流れるチャールース川には人に馴れた大ぶりの魚がたくさんおり、付近の人々はそれらの魚を神と見なしていて、危害を加えることを禁じていたと伝えている。アタルガティスはフェニキアの下半身が魚の尾になっているアシュタルテとも関連が深く、この二柱《ふたはしら》の女神を祀った神殿には聖なる魚を戴《いただ》く池があったという。『ギリシア・ローマ時代のユダヤのシンボル』を執筆したアーウィン・R・グッドイナフによれば、伝説ではアタルガティスは大きな卵より現れたのだが、その卵はユーフラテス川で魚に育てられ、ハトによって孵《かえ》されたものだった。そのため信者たちは魚とハトを食べることがなかったそうだ。

たしかに信者たちは日常の食事としては魚を食べることを禁じられていた。当たり前だろう。アタルガティスの出自の伝説やアシュタルテの姿から考えれば、魚はこれらの女神自身の眷族《けんぞく》か、場合によっては現身《うつしみ》ということすらありえる。ところがその禁断の魚を、神官や信仰への入会者たちは宗教儀式の食事としては食べたのである。『ローマの偶像崇拝における東洋の宗教』のなかでフランツ・クモンはその理由を、「女神その人の肉体を吸収できると信じて」いたためだと考えている。

フェニキアのアシュタルテがギリシアに渡って、やはり豊穣の女神であるアフロディテ、つまりローマのヴィーナスと融合したと考えられている。ただし、魚料理が有名で、ガルムという魚醬《ぎょしょう》を調味料として用いるほど魚好きのギリシアでは、魚を食糧として禁じる風習までは導入されなかった。そのかわりに金曜日、信者たちは女神が象徴する多産にあやかろうと、魚を食べるという風習が生まれた。金星の女神でもあるアフロディテにとっては、金曜日は神聖な日だからだ。

そしてローマ時代に入ると、死者に魚を捧げるというメソポタミアで生まれた風習もローマへと導入される。グッドイナフによれば、そうしたシンボリズムはとくにフェニキア本国の人間や北アフリカに植民したフェニキア人のあいだで優勢だったそうだ。

つまりローマ時代に入るころには、魚は豊穣であるがゆえに生命のシンボルであり、なおかつ永遠の生命を求めるがゆえに葬儀と関係して復活のシンボルでもあった。そして豊穣の女神の象徴として魚を崇拝する人々がおり、彼らは女神と一体化するための儀式として魚を食べるのだ。どこかで聞いた覚えがないだろうか。そう、女神をイエス・キリストに置き換えたら、キリスト教の聖餐《せいさん》とどこか似ているのである。そしてイエス・キリストはイクテュス、すなわち魚と呼ばれていた。

3　聖餐式の魚

アシュタルテは旧約聖書のなかの「シドン人の憎むべき者アシタロテ」だと考えられている。

英雄であるソロモン王を惑わし、ユダヤ人の正しい信仰から引き離した憎むべき異教の神々の一柱《ひとはしら》というわけだ。そのことを考えれば皮肉とも思えるが、クモンや『イクテュス——初期キリスト教における魚のシンボル』を執筆したフランツ・ヨーゼフ・デルゲーらは、初期のキリスト教は魚のシンボルをシリアのアタルガティス信仰から吸収したと考えている。

実際、初期キリスト教における魚のシンボルは、「イクテュス」というアナグラムや教父テルトゥリアヌスの比喩表現だけではない。キリスト教徒の地下墓地であるカタコンベの壁にはしばしば魚が描かれている。これはもちろんメソポタミアの時代から延々と続いてきた、魚というシンボルが持つ復活の意味合いの新たな具現ではあるのだが、キリスト教の教義に基づきそのシンボルが再解釈されていた。すなわち初期のキリスト教においては、魚は聖餐において、パンやワインと同等の地位を占めていたのだ。

そもそもが新約聖書には魚がよく出てくる。十二使徒のうち、ペテロ、その弟アンデレ、ゼベダイの子ヤコブ、その弟ヨハネ、と四名までもが漁師だし、またイエスはペテロに、「今からあなたは人間をとる漁師になるのだ」（ルカによる福音書第五章第十節）と、キリスト教に帰依《きえ》する者を魚に喩えている。また、イエスによる魚が絡《から》んだ奇跡もいくつも描かれている。まずは四福音書のなかでも「ルカによる福音書」にしか記されていないが、ペテロが信者になるきっかけとなった奇跡がある。夜通し漁をしてもまったく魚が獲れなかった漁師のシモン（のちのペテロ）にイエスは沖に網を下ろせと命じ、シモンが指示に従うと「おびただしい魚の群がはいって、網が破れそうになった」（ルカによる福音書第五章第六節）。つぎに四福音書のすべてで記されているが、イエスのまわりに集まった五千もの群衆に、五つのパンと二尾の魚を増やして与えるという奇跡がある。パンと魚を増やすこの奇跡は「マタイによる福音書」ではもう一度繰り返され、今度は四千人の群衆に七つのパンと数尾の魚を増やして与えている（十五章第三十四節〜第三十八節）。そして十字架に架けられ復活したのち、漁をしているペテロたち弟子のまえに現れ、空だった網を百五十三尾の大魚でいっぱいにし、ともに魚とパンで食事をしている（ヨハネによる福音書第二十一章第五節〜第十三節）。

初期のキリスト教徒がカタコンベに設置した礼拝堂に、聖餐の場面として好んで描いたのは、後世のように最後の晩餐の場面ではなく、とくに四福音書のすべてに記述がある五千の群衆に五つのパンと二尾の魚を増やしてともに食事をした場面だった。そうしたフレスコ画があるカタコンベとしてはローマのプリシラのカタコンベやサン・カリストゥスのカタコンベが有名だが、一様にこの奇跡をパンと魚の饗宴として描いており、その饗宴の出席者もつねに七名になっている。聖餐をこのように描くことは、けっして聖書の記述からの逸脱というわけではない。マタイ、マルコ、ルカのそれぞれの福音書ではイエスが今後聖餐式を行うよう指示を出すのは最後の晩餐の場面になっているが、「ヨハネによる福音書」ではパンと魚の奇跡の直後だからだ。

「しかし、天から降ってきたパンを食べる人は、決して死ぬことはない」（ヨハネによる福音書第六章第五十節）。聖餐の目的は儀式をつうじてイエス・キリストの肉体を体内に取り込むことで、不死・不滅を手に入れることにある。初期のキリスト教においては、パンやワインだけでなく、魚もイエス・キリストの肉体を象徴するものとして捉えられていたわけである。「イクテュス」というアナグラムの存在を考えれば、たしかにここにはアタルガティスの信仰と相通じるものを見てとることができ、デルゲーやクモンの論説にも強い説得力を感じることができるのだ。

パンと魚の奇跡の教会（イスラエル）
現在の教会は1982年に再建されたものだが、もともと4世紀にその場所に教会が建設された。床のパンと魚のモザイクは5世紀のもの。

4　ユダヤの魚

ただし、豊穣や生命の象徴である魚は、おなじく生命の源である男根の象徴となることもある。

そもそも豊穣や生命などというものが、エロスと切り離されずに存在することは難しい。アガペーとエロスとのあいだに明確な線引きをし、一方を聖なるものと持ち上げ、他方を卑しむべきものと貶《おとし》める傾向の強いキリスト教に、アガペーとエロスが混沌としている魚のシンボルを、そう容易に吸収できるものなのだろうか。アーウィン・R・グッドイナフが『ギリシア・ローマ時代のユダヤのシンボル』のなかでデルゲーやクモンに反論する理由の一つも、やはりそこにある。「あからさまにエロティックなシンボリズムは、キリスト教徒にとってと同様、ユダヤ人にとっても嫌悪すべきものだっただろう。そして同様にそのシンボリズムを和《やわ》らげ、実のところキリスト教徒のためにそうした作業の先鞭をつけたと思える」。つまりグッドイナフは、デルゲーやクモンとは違って、エロスの満ち溢れた魚のシンボリズムはまずはユダヤ教に導入され、ユダヤ教がエロスを排除するフィルターとなってキリスト教へと吸収されたと論じている。

グッドイナフの論を簡単に紹介しておこう。まずは教父テルトゥリアヌスの「小魚」をキリスト教信者とするメタファーと類似するメタファーを、旧約聖書に次ぐユダヤ教の聖典であるタルムードや、神意を知るために生み出された聖書解釈であるミドラシュのなかから拾い上げている。すべての事例を書きだすわけにはいかないので、二点ほど紹介しよう。まずは旧約聖書の「ハバクク書」で、カルデア人の暴虐からの解放を神に訴える預言者ハバククが、「あなた（神）は人を海の魚のようにし、治める者のいない這う虫のようにされる」（一章十四節）と嘆いているが、この一節が三世紀の初めにタルムードでこう説明されている。

人間が魚と比べられているのは、海の魚が乾いた陸に上がるとたんに死んでしまうのと同様、人間もトーラと戒律を棄ててしまうと、とたんに死んでしまうからだ。

つまりユダヤ人は神が示した戒律であるトーラという水のなかで生きる魚であり、そのなかでしか生きることができない、ということである。

トーラは水であり、敬虔なユダヤ人はその水のなかで生きる小魚であるというメタファーは、二世紀のはじめにもタルムードのなかで使われている。ローマ政府がトーラを禁じたにもかかわらず、ラビであるアキバ・ベン・ヨーセフはユダヤ人にトーラを説き続けた。そして彼の身を案じて忠告した友人に、一つの寓話を話したのだ。人間の網を避けようと、かたまって逃げ回る小魚の群れを見て、ある狐が小魚たちに陸で一緒に暮らそうと申し出た。すると小魚たちはこう返したのだ。「もしぼくらが、生きるのにうってつけの場所にいても不安を感じるというのなら、死ぬのにうってつけの場所でならなおさら怖いだろうさ」。テルトゥリアヌスの言う水が入信のための洗礼の水であるのに対し、これらの水は日々の生活のなかで守らなければならないトーラだという違いはあるが、敬虔な信者たちを小魚に喩える部分はたしかに共通している。
グッドイナフがつぎに持ち出すのはリヴァイアサンである。もともとはウガリット神話に出てくる七つの頭を持つ蛇のロタンがその原型とされているが、旧約聖書にはリヴァイアサンとして四度登場している（ヨブ記第四十一章、詩編第七十四章、第百四章、イザヤ書第二十七章）。ところがタルムードのなかでは、この恐ろしい蛇の怪物であるはずのリヴァイアサンが、メシアの到来を告げる重要な役割を持つようになる。メシアが到来したおりには大宴会が開かれ、その食事としてリヴァイアサンの肉が振舞われることになっていたからだ。グッドイナフはその宴会を描写する場面をタルムードから引用している。

聖なる主上は、主に祝福あれ、いつの日にか心正しき者のため、リヴァイアサンの肉で宴会をお開きになるだろう……。リヴァイアサンの余った部分は分配され、エルサレムの市場で売られるだろう……。聖なる主上は、主に祝福あれ、いつの日にか心正しき者のため、リヴァイアサンの皮から幕屋をお作りになるだろう……。余った部分は聖なる主上により、主に祝福あれ、エルサレムの壁のうえに広げられるだろう……。

もちろんユダヤ人には食べ物に関する戒律がある。蛇など食べることはできないわけだが、そのことを案じてタルムードの別の箇所では、この得体のしれない怪物を鰭《ひれ》も鱗《うろこ》もある魚であり、その肉は食べても問題ないと、信心深い者たちを安心させている。

グッドイナフの目的は、魚を食べる儀式をとおして女神、あるいはイエス・キリストと一体化するという、アタルガティス信仰と初期キリスト教の共通点を、ユダヤ教にも類似のパターンがあるのだと提示することにより間接化することだ。魚のシンボリズムの影響を受け、旧約聖書のなかでは「恐ろしい怪物」だったリヴァイアサンが、「いまだに恐ろしくはあるが、食べることができるがゆえに、人間の祝福、もっとも信心深い者への究極の報《むく》いへと変じる存在となったのだ」と、リヴァイアサンの饗宴を聖体拝受によって得られるキリスト教徒の至福に比するものと言いたげである。しかしグッドイナフ自身が認めるとおり、リヴァイアサンはメシアその人ではない。リヴァイアサンに関しては、「小魚」のメタファーほどには説得力はないように思える。そこでグッドイナフも、次のテーマに移動する。アタルガティス信仰の魚食の儀式や初期キリスト教の聖餐のように、魚を食べることが重要な意味を持つユダヤ人の食事の風習を提示したのだ。

アフロディテの信者が金曜日に魚を食べる習慣を前述したが、ユダヤ人にも金曜日に魚を食べる風習がある。いや、正確には金曜日ではない。ユダヤ人にとっての安息日は日曜日ではなく土曜日であり、しかも一日の始まりは午前零時ではなく、日没から翌日が始まる。そのためユダヤ教の安息日は日本で言うところの金曜日の日没から土曜日の日没までになる。ユダヤ人はかなり古い時代から、金曜日の夕食に魚料理を食べて安息日の始まりを祝ってきた。タルムードの記述以外でこの風習に言及したものとして、グッドイナフをはじめとする多くの学者が引用するのが、一世紀のローマの詩人ペルシウスの『諷刺詩』からの一節である。

しかし、ユーダエア（ユダヤ）王ヘーローデースの誕生祝祭日が来ると、お前の家では油の染みついた窓際の敷居に、菫で飾られた灯火が並んで油っこい煙霧を吐き出し、大きな鮪の尻尾が赤いどんぶり鉢を抱いて泳ぐ。そして白色土器の大壺が酒で胴をふくらますとき、お前は黙って祈りをささげるのだ。そして割礼を施した者たちの安息日に怯えるのだ。

（国原吉之助訳、岩波文庫）

この引用には「鮪の尻尾」と「酒（ワイン）」が出てくるが、タルムードが成立した紀元前二世紀から五世紀の時代には、ユダヤの金曜日の夕食では、パンとワインと魚料理への祝福が重要な儀式としてすでに含まれていたそうである。この金曜日の夕食は教父テルトゥリアヌスの時代には cena pura（「純粋なる夕食」）と呼ばれ、テルトゥリアヌスは『諸国民に』のなかで、ユダヤ人の祝祭や安息日の儀式のなかにこの cena pura を載せている。cena はラテン語で夕食の意味だが、pura（純粋な）が何を意味するかについては、学者のあいだでも意見が割れている。グッドイナフは異教においてもユダヤ教においても魚のシンボルが重要な地位を確立していることから、この pura という言葉が魚の聖性を意味しているのだと主張、そして安息日の到来を祝う cena pura は、メシアの時代の到来を祝う例のリヴァイアサン料理を予兆するものだと論じている。

アガペーとエロスが混交した魚のシンボルをキリスト教が取り入れていくうえでのフィルターとしてユダヤ教が機能したというグッドイナフの基本的な考えには十分説得力がある。そして少なくとも、メソポタミアで生まれた魚のシンボルが、ユダヤ教のなかにも相当入り込んでいたことの立証には成功しているだろう。ただし、アタルガティス信仰の魚食の儀式と初期キリスト教徒の聖餐との類似性ほどに、強烈な類似性が聖餐とユダヤのリヴァイアサン伝説、およびその予兆と彼が主張する cena pura とのあいだにあると立証するには至っていないように思える。しかし、魚のシンボルがアタルガティス信仰から初期のキリスト教へと吸収されたのだと、パターンを単純化することは危険だということは、十分に証明している。それほど地中海世界には魚のシンボルが満ち溢れていたのだ。シンボルの流入の経路は何通りもありうるだろう。

二世紀の小アジアのヒエラポリス（シリアのヒエラポリスとは別の都市）の司教だったアベルキウスが残した碑文には、当時の聖餐の重要な食物である魚とワインとパンが出てくる。

どこにおいても信仰が私に道を示し、どこにおいても信仰が私のまえに食事を用意した。それは聖なる乙女が泉から取り上げた大きく完全な魚だった。これこそ信仰がその友人に与えてくれる食べ物である。信仰は極上のワインを用意して、それをパンと混ぜて供してくれるのだ。

この碑文はカタコンベに描かれた当時の聖餐の様子を文献として確認している。しかしこの文面にあるシンボリズムの際どさはどうだろう。かりにグッドイナフの説が正しく、ユダヤ教のフィルターを通してキリスト教に魚のシンボルが流入していたとしても、シンボルそれ自体が持つ力を完全に去勢することはできない。聖餐から魚が脱落した理由を筆者は確認していないが、もしかしたらやはりこの際どさが理由なのかもしれないと思えてしまう。後に魚はふたたびキリスト教のなかで重要な地位を占めるに至るが、そのためにはなにか別の装置が必要だったのではないだろうか。

第二章　フィッシュ・デイの政治経済学

1　汝、食べることなかれ

キリスト教は「食べた」ことが原罪とされる宗教である。アダムとイヴは神の禁じた知恵の実を食べたことで、神の怒りに触れてエデンの園を追放される。しかも神は自然に呪いをかけ、そのためアダムとイヴはそれまでとはまったく違った食生活を余儀なくされた。聖書にはこうある。「お前は女の声に従い取って食べるなと命じた木から食べた。お前のゆえに、土は呪われるものとなった。お前は、生涯食べ物を得ようと苦しむ」（創世記第三章第十七節）。エデンの園にいたころ、アダムとイヴは果物とハーブだけを食して生活していたと考えられている。もちろん、これでは人間、生きていけるわけもない。しかも後世においては、ギリシアの医学者ガレノスの見解の影響で、果物は食べ過ぎると体に悪いと考えられるようになっていた。つまり、人類のもともとの主食であった果物が主食として不適切なものとなってしまったのだ。これは人類の体質が、楽園の喪失以降の食生活の変化が原因で変質したためだ、と十六世紀にトマス・エリオットは『健康の城』のなかで言っている。

アダムとイヴは主食である果物とハーブがふんだんにあるエデンの園のなかで、知恵の実を食べるなという神が唯一定めた食の掟を破り、そのことが原因で食に不自由な世界へと放り出される。そしてそのことが原因で、人類は体質まで変わってしまったのだ。テレサ・M・ショーは『肉の重荷』のなかで、キリスト教初期の教父たちがこの「事実」を断食《だんじき》の意義を説くうえでの大きな拠り所とした事例を、彼らの著作から紹介している。たとえば四世紀後半に活躍した教父クリュソストモスは、最初の人類は肉体のなかにありながら肉体の束縛の埒外《らちがい》にあり、彼らの状態は「苦痛から解放され」、「天使的」だったと考えた。そして彼は、知恵の実の禁止を断食の原型と考えた（『創世記講話』）。また、四世紀後半のアマスヤの司教アステリウスによれば、「もし最初の禁欲の掟が犯されることがなければ、断食の掟がわれわれに課せられることもなかっただろう」（『講話集』）。やはり同時期に活躍したポントスのエウアグリオスも言っている。「食への欲求が不服従を呼び起こし、舌の快楽が楽園からわれわれを追い落とした」（『八つの悪しき霊について』）。

つまり逆に言えば、エデンの園とそこで暮らしていたころのアダムとイヴの肉体こそが正常であり、追放後の人類は、自然が呪われたのと同様、その自然から食糧を摂取し続けたため、肉体も呪われたことになる。エデンの追放とは、たんに地理的な問題というだけでなく、食べるという行為をとおして、人間の肉体に関わる問題でもあった。そして断食とは、その呪われた肉体を正しい状態に戻し、楽園での生活へと回帰する手段と見なされるようになる。やはり四世紀のカエサリアの司教、聖バシレイオスは、「断食をしなかったために楽園から落とされてしまった。さあ今断食をしよう。われわれが楽園へと戻れるように」（『断食について』）と呼びかけている。そして彼によれば、「食欲を抑えることができれば楽園で暮らすことができる。しかし抑えることができなければ、死の犠牲者となる」（『アスケティカ』）。

三二五年、ニカイア公会議で復活祭の日程が正式に決定される。それ以前から復活祭のまえに断食をする習慣があったが、レント（四旬節）として断食の期間が四十日にまで拡張されるのは後世の話だ。レントが四十日間と定められた背景には、キリストが荒野で四十日間の断食をしたという故事があるが、初期のキリスト教においてはそうした故事に因《ちな》むという以上の意味合いが断食にはあった。

初期のキリスト教において断食の強調が極端に高まるのがエジプトに拠点を置くコプト教会の隠修士や修道院で、断食期間に許された食事の内容はパンと塩と水といった極端なものだった。彼らの断食に対する姿勢は、四世紀から五世紀にかけて活躍した聖カッシアヌスによってヨーロッパに取り入れられる。彼はベツレヘムとエジプトで断食の修行をし、エジプトの砂漠で前述のエウアグリオスをはじめとする苦行僧のもとで弟子として行を重ねたあと、マルセイユに修道院を二つ建てた。テレサ・M・ショーは、聖カッシアヌスの修道院での日々の食事はパンと塩水とオイルだけで、一日の摂取量は九百三十カロリーしかなかったと言っている。このカロリーでは軽い飢餓状態と言ってもいい。後世ではあまりに極端な断食は戒《いまし》められるようになるが、断食への基本的な態度や考え方はヨーロッパの修道院でも脈々と受け継がれていくことになるのだ。

2　性欲を生み出すもの

キリスト教の断食においてとにかく目の敵《かたき》にされるのが肉だった。ラテン語訳聖書を完成させた聖ヒエロニムスはこう言っている。「肉を食べ、ワインを飲み、満腹となることは、肉欲の苗床《なえどこ》である」（『ヨウィニアヌス駁論』）。肉欲こそはキリスト教の楽園であるエデンの園にはもっとも相応《ふさわ》しくない欲情で、それこそ知恵の実を食したゆえに発現したものであり、これは是非とも取り除かなければならなかった。

肉やワインを肉欲と結びつける態度の背景には、キリスト教が成立する以前からギリシア・ローマ世界で発達してきた医学知識がある。古代ギリシア・ローマ時代のヒポクラテスや、前述のガレノスが唱えた体液理論である。この体液理論はたんなる医学理論ではない。宇宙と人間の身体との関係を説明し、また身体と人間の気質の関係まで説明している。当時宇宙の万物は四つの元素から構成されていると考えられていた。すなわち空気、火、土、水の四つだが、それぞれの元素には二つずつ基本的な特質がある。空気は温かく湿っていて、火は温かく乾いている。土は乾いていて冷たく、水は冷たくて湿っている。

一方人体のなかにも四つの体液、すなわち血液、胆汁、黒胆汁、粘液が存在し、それぞれが四元素と対応関係にある。血液は温かく湿っていて空気と対応し、胆汁は温かく乾いていて火と対応している。黒胆汁は乾いていて冷たく土と対を成し、粘液は冷たく湿っていて水と対を成している。そして人体のなかで割合が一番大きい体液が、その人物の性格を決めるとされていた。人間一人一人にはそれぞれ固有の体液の割合があり、病気とはその割合のバランスが崩れた状態だと解釈されていた。そして万物が四元素から成る以上、万物の一部である食物も四元素で構成されている。「医食同源」というと日本人ならついつい漢方医学を連想するが、体液理論も完全な「医食同源」の発想である。つまり体液のバランスを崩して病気になった場合、そのバランスは食べ物によって回復できるし、また逆に同じ物ばかり食べていると健康な人間でもバランスが崩れてしまう。料理をする場合、この原則を忘れるわけにはいかなかった。たとえば離乳期の子供にはミルクにパン屑を混ぜて食べさせるのが良しとされた。ミルクは「温かく湿っている」、つまり元素で言えば「空気」、体液で言えば「血液」に対応する食材であるため、「胆汁」や「黒胆汁」を発生させるパンと混ぜることで、バランスをとらなければならなかったからだ。また西洋の料理では果物を煮たり焼いたりするケースが多いが、これも果物は生のままだと「冷たく、湿っている」ので、前述したとおり大量に食べると体に悪いと考えられていた名残になる。

そして人間の性欲も、この体液理論に基づいて説明されていた。ガレノスによれば、男性器も女性器も基本的には同じもので、ただし男性は生まれながらに熱がより高いため、性器がより完全に発達して肉体の外側に突出し、より体温が低い女性は性器の発育が不完全で、そのため突出しなかった。そして男性器のなかでも女性器のなかでも等しくザーメンが生成されるわけだが、そのザーメンを生成する材料が「プネウマ」と血液だった（『健康を維持することについて』）。「プネウマ」というのは、もともとはストア派が想定した魂の実体のことだ。プラトン派が魂を非物質的なものと考えたのに対し、ストア派はそれを物質的なものと考えた。ガレノスは魂が肉体の三つの場所に分かれて宿っているという点においてはプラトン派の考えを採用したが、魂が物質的なものだという点においてはストア派の考えを採用していた。

したがって性欲を抑制しようと思えば、ザーメンや、ザーメンを生成する血液を発生させる食品を控えるか、あるいはそれらの生成を抑制する食品を食べればいい。ワインはその特質は熱く湿ったもので、そのため血液を生成する。「ホット・ワイン」と言えば現代なら温めたワインのことだが、体液理論が医学の原理だった時代なら、この言葉は別の意味になる。ワインのなかでもとくに「熱い」という特質が高く、その分値段の張ったワインのことだ。チョーサーの『カンタベリー物語』の「貿易商人の話」のなかで若い娘を女房にした老騎士が赤ワインをベースに各種のスパイスを入れて作ったヒポクラスという飲物を飲んでいるが、つまりは血液を生成して夜の勤めに励むためで、媚薬効果を期待してのことだ。一方肉については種類によってその特質も様々だった。たとえばガレノスによれば、牛肉は湿った豚肉より乾いており、子羊の肉は湿って粘液質だそうだ。しかし同時にガレノスは、総じて肉は血液を生成するとしている。肉を目の敵にする教父たちも、その見解に従っているのだ。そして性欲を抑えたければ「冷たい」ものを食べればいい。水のなかに棲む魚は、種類によってある程度の違いはあるが、一般に「冷たい」食べ物だった。

3　断食日の魚

つまりキリスト教における断食の目的は、食欲という直接的な快楽に打ち勝つことで肉体を克服し、そのなかでも性欲の源である肉食を断つことで性欲を抑止することにあったわけだ。ところが時が経つにつれて、断食日には魚食が許されるようになり、やがてはむしろ積極的に魚を食べる日へと変化していき、ついには「フィッシュ・デイ」、すなわち「魚の日」と呼ばれるようになっていく。

この変化の背景に何があったのかは、実はよく分かっていない。よく言われている説では、

第一章で述べたとおり、古来ヴィーナスの信者は金曜日に魚をヴィーナスに捧げ、魚を食べる風習があり、その風習をローマン・カトリックが布教の過程で取り込んだ、というものだ。ヴィーナスを讃える金曜日は、キリスト教ではキリストが十字架に架けられた日に当たり、レントの時期以外でも断食日とされていたのだ。『ブリテンの食べ物と飲物』のC・アン・ウィルソンもこの説を採用している。それによればブリテン島で最初にキリスト教を布教したケルト教会は、ヴィーナスというふしだらな異教の神との関係が深い魚を嫌っていたそうだが、その後にブリテン島に布教に訪れたローマン・カトリックが断食日の魚食の風習をもたらしたということだ。ただし、これはあくまで推測にすぎない。

たしかな資料があるわけではないので、推測に頼るしかない。しかし第一章で紹介したユダヤ人の cena pura がキリスト教に継承された可能性だってあるのではないだろうか。それにわざわざヴィーナスや cena pura を持ち出すまでもないかもしれない。初期のキリスト教の教父たちは断食の根拠をアダムとイヴの楽園追放に置いた。エデンの園では果物とハーブを人類は食べていたわけで、魚などは楽園を追放されてから食べるようになったものではある。しかしそれを言ったら、コプト教会の苦行僧や修道士たちが食べていたパンもやはり、追放後に食べるようになったものだ。そして第一章で述べたとおり、魚のシンボルはふんだんにキリスト教のなかに入り込んでいる。

七三一年に『イギリス教会史』を執筆した聖ベーダは、そのなかで七世紀のヨークの司教聖ウィルフリッドの魚にまつわるエピソードを紹介している。ウィルフリッドがサセックス王国を訪れたおり、一帯は三年にわたる旱魃《かんばつ》により飢饉に苦しめられていた。ウィルフリッドは「住民に漁で生計を立てる手段を教えた。というのも、海も川も魚が豊富だったからだ。ところが住民たちはウナギ漁を除いて、漁業の技を理解していなかった。そこで司教の配下の者たちがいたるところでウナギ漁の網を集めて、それを海に投げ入れた。神の恩寵の助けもあって、瞬《また》く間に様々な種類の魚が三百尾つかまった」。住民たちは喜んで、ウィルフリッドから洗礼を受けてキリスト教徒となり、すると天から雨が降ってきたという。

もちろんおそらくは作り話だろうが、それが新約聖書を下敷きにしているのは明らかだ。この物語がベーダの自作か、あるいは伝聞のものだったかは分からないが、異教徒への布教の過程でイエス・キリストの奇跡の具現である魚の聖性が、布教を受けた異教徒のあいだだけでなく、布教を行った教会側のあいだでも一層高まったとしても、不思議はないのではないだろうか。しかも体液理論に従えば、「冷たい」食べ物である魚は性欲を抑えるうえでも有効だったのだ。

いずれにせよ魚は修道院や教会のお気に入りの食べ物となっていく。ベーダの話にはウナギ漁が出てくるが、飢饉に苦しむ人々を助けたければ、なにもわざわざウナギ漁の網を海に投げ入れなくてもいい。当時のヨーロッパではウナギが簡単に獲れたからだ。おそらく聖書の奇跡の再現の物語を、史実のなかに紛れ込ませるうえで生まれた齟齬《そご》だろう。春になると無数のウナギの幼魚が川を上り、秋になると産卵のために川を下り、国中の堰《せき》や湖や湿地で群れをなし、簗《やな》を築いたり網を使えば容易く一年中獲ることができるのだ。そして冷蔵庫等の保存設備がなかった時代には重要なことだが、ウナギは数時間スモークするだけで、保存のきく食品にすることができた。あるいはパイにして保存することもあった。パイとはもともと食品を保存するための調理技術で、パイ生地《きじ》で器を作り、そのなかにウナギなどの魚を入れて、溶けたバターをなみなみと入れて空気を遮断してしまう。なかにスパイスや干した果物を一緒に入れることもあった。保存のきくウナギのスモークやパイは通貨の代わりとしても使われ、地代として領主に納められることもあった。

イングランドの修道院は競ってウナギを確保しようとした。イングランド西部を南に流れるセヴァーン川はウナギやヤツメウナギが豊富だと、シェイクスピアの時代でもウィリアム・キャムデンの『ブリタニア』に記されているが、この川には修道院が所有する簗が三十五もあり、航行の安全を脅かすほどだった。ケンブリッジシャーにはイーリーと呼ばれる地域がある。そこにあった修道院は地代として一万尾以上のウナギを毎年受け取っていた。ベーダも言っているとおり、イーリーは広大な沼地に囲まれ、「これらの沼地ではウナギがたくさん獲れるため、その名がついた」場所である。英語ではウナギを「イール」と言うのだ。
もちろん断食の本来の意味を考えれば、いくら新約聖書で聖性が付与され、加えて体液理論においてザーメンの生成を抑制する効果があるとされているとはいえ、断食日に魚を食べることに抵抗がまったくなかったというわけではない。キリスト教が広まり、修道院も広大な領地をもつようになると、十世紀から十一世紀のはじめにかけて、修道院の規律の回復と世俗権力からの独立を目指した改革運動がベネディクト派の修道院で起こる。そうした運動のなかで成立したとされる『断食の季節』というイングランドの詩は、諸説あった断食日の期日についての見解を示した宗教詩だが、断食日の魚食についてもこう言っている。

かつて高名の者たちが四十日の断食をいかに遵守《じゅんしゅ》したかを、今われわれは知っている。そしてそれと同様に、われわれは神の人間（おそらく地域の司祭）を通して、この世に生きるすべての人間が、主の復活のまえの四十日間、九時まで断食を守り、破門されないためにも、肉と魚を口にしないよう命じる。

そして聖職者でありながら、朝のミサのあと、まだ断食が明けないうちにワインを飲みながらカキや魚を貪《むさぼ》り食らう族《やから》がいることを嘆いている。

見よ。彼らは不実にも偽りの言葉でしばしば給仕を説得し、食べるためのカキや朝の素晴らしいワインを給仕したところで罪になることはないと語るのだ。

……

そして彼らは座り、腹を満たしはじめる。ワインを祝福し、その罪を何度も許し、おたがいに「良き人生を」と声を掛け合って、ミサのあとはだれもが疲れているのだ、ワインを飲んで……水に棲むカキやその他の魚を食べてもかまわないなどと語るのである。

ベネディクト派の改革運動の最中に書かれた宗教詩だからこその厳しさなのだろうが、逆に言えば、こう考えることもできる。この時代までには断食日の魚食は聖職者のあいだでもかなり広まっていた。しかも聖職者には断食日の魚食を正当化するだけの材料があったわけだ。その材料がいかなるものかはこの詩には明記されてはいないが、新約聖書の魚の奇跡だとか、ウィルフリッドの故事だとか、はたまた体液理論だとか、それは豊富にあったことだろう。

4　断食の経済学

断食日は四十日間のレントだけではなかった。時代によっても変化はあるが、キリストが十字架にかけられた金曜日と、水曜日と土曜日も断食日となった時期もある。加えて、主要な聖人の日も断食日とされ、各種の支払いの決算日であった「四季支払日」(イングランドでは三月二十五日の処女マリア御告の祝日、洗礼者ヨハネの誕生日である六月二十四日のミッドサマー・デイ、九月二十九日のミカエルマス、十二月二十五日のクリスマス)もそうだった。つまり一年のうちおよそ半分が断食日だったのである。経済学の視点から考えれば、断食日は「肉が食べられない日」ではない。キリスト教世界のすべてのキリスト教徒が「魚を食べる日」であり、しかも一年の半分においてそうした巨大な需要が生まれたのだ。つまり断食日が魚を積極的に食べる日へと変じるにつれ、それが原因で魚はキリスト教世界の経済システムの主役となり、キリスト教世界の歴史をおおきく左右する要因となっていくのである。

もちろん、断食日を完全に「魚を食べる日」とするには、いくつかの条件がそろわないといけない。魚を食べたくてもそれがなければ当然食べようがない。流通や保存技術が発達した現代とは違い、大量輸送機関も冷蔵庫もなかった時代に、この宗教的要請を満たすのは並大抵《なみたいてい》のことではなかった。まず大量の魚を捕獲する漁業技術が必要だった。そしてその大量の魚を長期間保存する技術を確立しなければならない。長期というが、現在のように小売形態が発達しているわけではない。その上、内陸部にいる者も含め、すべてのキリスト教徒に、全ヨーロッパ的な規模で魚を配分しなければならない。しかもレントは一月以上続くので、保存がきく期間も、一週間や二週間では短すぎる。そして最後に、その大量の商品を輸送する運輸能力の確立、この三点が必要だった。

中世も前半のころは、前述したとおりウナギがこの需要をある程度は満たしていたようだ。しかし中世の後半になると、この需要を満たした最大の主役はニシンとタラになる。ニシンの詳細については第三章と第四章、タラについては第五章から第七章で述べるが、どちらも大量の漁獲があり、しかもニシンについては十四世紀に「塩漬けニシン」という、一年間の保存が可能な商品が登場し、タラについては十世紀以前に「ストックフィッシュ」という、「塩漬けニシン」以上に保存期間の長い商品が生まれていた。そしてコグ船という中世で初めての大型輸送船を武器に、まずは「塩漬けニシン」の、その後は「ストックフィッシュ」の販路の独占を通じて勢力を拡大したのがあのハンザだったのである。ハンザの台頭だけではない。ニシンはその後オランダとイングランドの命運に大きな影響を与え、タラは北米大陸の開発とアメリカ独立に少なからぬ影響を与えたのだ。しかしこれらの詳細については後に譲るとして、この章ではもう少し、断食日それ自体の歴史について追いかけていきたい。

5　充満する粘液

同じ物ばかり食べていると健康な人間でもバランスが崩れてしまう、というのが当時の医学理論である体液理論の見解である。ところが当時は、断食日という宗教的要請が医学的な「常識」を無視するよう、一般の信者にまで強要していたわけだ。この状況を当時の人々はどう感じていたのだろうか。

十五世紀の終わりに、オックスフォードのあるラテン語教師が、学生のためのラテン語作文の教材として、イングランドの日常生活を題材とした散文を四百題、口語ラテン語で書かれた模範解答とともに執筆している。これらの散文の一つに、レント直後の魚に対するラテン語教師のうんざりした感情が生き生きと率直に表現されている。

君たちには分からないかもしれないけど、私は魚にはほとほとうんざりしているんだ。それにどれほどもう一度肉にお目にかかりたいと思っているか、理解できないだろう。というのも私は、このレントのあいだ、魚の塩漬けしか食べなかったからだ。そのせいで体内には粘液が充満し、喉がつまってしゃべることも、息をすることもできない。

一般に魚は体液理論においては、「その性冷たく、粘液を発生させる」とされており、この引用にある粘液とはその粘液のことで、魚に対するうんざりした気分を表現するためのメタファーというだけではない。おなじものを食べ続ければ健康のバランスを崩すという、当時の医学的な「常識」に基づいた発言だ。当時は医師の診断があれば、断食日にも肉を食べることができるという逃げ道も用意されていた。

もちろんこの引用だけではバランスを欠いてしまう。ラテン語教師はレントが明けたばかりであり、しかもどうやら彼の収入では、「魚の塩漬け」しか食べることができなかったようだ。そんな彼も、高級な魚を目にしたときには反応が違う。

私は今日、今まで見たこともないものを見た。それは活きたカニで、卵をいっぱい孕んだ状態で街に運ばれてきたのだ。私が思うにそれは王侯のための食べ物で、目にしたすべての魚が好ましく思えた。

ちなみに当時はカニだけでなく、貝類もすべて「魚」と分類されていた。断食日の苦痛も、結局は生活レベルによっても変わってくるのだろう。貧困層なら断食日以外でも肉類を容易に食べることはできなかっただろうし、断食日ともなれば、選べる魚類は限られていただろう。生活レベルが上がれば、断食日であろうと魚類のなかでも選択の幅が増え、調理方法もそれだけ凝《こ》ったものになった。

十四世紀の後半に成立した『サー・ガウェインと緑の騎士』のなかで、サー・ガウェインが緑の騎士の挑戦を受けるために旅をしている最中、クリスマス・イヴに森のなかの城で手厚いもてなしを受けるが、その食卓の様子が上流階級の断食日の様子を彷彿させる。

給仕たちは彼を丁重にもてなし、最上の味付けの料理を二人前振舞った。あらゆる種類の魚が、あるものはパンのなかでベイクされ、あるものは燃えさしのうえで炙《あぶ》られ、あるものは煮つけてあり、あるものはシチューにしてスパイスで味付けられ、口に合うようあらゆる技巧が凝らされていた。彼は何度もこの料理はごちそうだと評したが、給仕たちはみんなが陽気に彼に話しかけるのだ。「この苦行を終えれば、あなたの償《つぐな》いのためになるでしょう」。

ラテン語教師のレントの様子と比較すれば、明らかに富裕層の断食への皮肉が見てとれるが、実際富裕層と庶民を比較すれば、その差は明らかだった。貴族の屋敷や修道院は敷地内に生簀《いけす》を持っていた。こうした生簀は魚を養殖するためのものではなく、あくまで魚を生きたまま蓄えておくためのものだが、おかげで貴族や修道院長は断食日に新鮮な魚を食べることもできた。こうした新鮮な魚を市場で買おうと思えば大変な金額を支払わなければならなかった。『中世イングランドの日々の生活』のクリストファー・ダイアーによれば、淡水魚の場合、購入できる種類は地域によって異なる。たとえば十五世紀初頭のセヴァーン川のローチやダイスといった小型の川魚であれば、一尾四分の一ペニー程度で、塩漬けニシンと変わらない金額だった。小型のウナギやヤツメウナギにいたってはさらに安く購入できた。しかし大型で上等な品種であれば、これはもう贅沢品である。たとえば十分成長したカワカマス《パイク》なら、十五世紀には二シリングから三シリングした。これは熟練した職人の一週間の賃金に相当する。テンチ一尾は六ペンスだが、これはパン二十四斤、あるいは上等のエイル六ガロンと等価だった。

川や湖が近くにあれば、庶民でも贅沢を言わなければ市場でそれなりの選択肢を楽しむことができた。あるいは自ら釣るという手段もある。しかしそうした地理的な恩恵がなければ、オックスフォードのラテン語教師のように、塩漬けニシンやタラの干物といった、魚の塩漬けの日々を送らなければならなかったのだ。

6　ポリティカル・フィッシュ・デイ

宗教改革はこのフィッシュ・デイをカトリックの虚飾として非難した。したがって宗教改革は、たんに信仰上の変革だけでなく、人々の日常的な一年間の生活のリズムやそこから生み出される経済的な需要、その需要を支えるための経済活動と、きわめて広大な領域において人間社会に変化をもたらした。

ヘンリー八世の離婚問題のもつれが原因で発足したイングランド国教会の場合、例によってフィッシュ・デイに対する態度も中途半端だった。廃止を宣言することこそしなかったものの、教会として強制はせず、個人の自由に任せたのだ。ヘンリー八世自身は信条としてはカトリック的ではあったが、政治的にイングランドがローマとの関係を断ったため、大陸からのプロテスタントの影響が増大し、その過程のなかでフィッシュ・デイを遵守する態度も薄れていった。ラテン語教師の魚に対するうんざりした感情を考えれば、当たり前かもしれない。それが信仰の証《あかし》であり、周囲の目もあったからこそ守っていたのだろう。

ラテン語教師にしてみれば万々歳といったところかもしれないが、国家への影響を考えれば喜んでばかりもいられない。もともとは宗教的要請から始まったこととはいえ、宗教改革の時代には、すでにフィッシュ・デイは経済的要請どころか、軍事的要請までも満たすようになっていたのだ。まずは漁港が目に見えて荒廃していく。この荒廃はかなり早い段階で顕在化したようで、魚の大きな消費者である修道院をヘンリー八世が取り潰してから一年か二年しかたっていない一五四一年には、海外や海上で購入した鮮魚を販売目的で国内に持ち込むことを禁じる法案が議会を通過した。イングランドの漁業が衰退したため、外国人から魚を購入することが一般的になっていたのだろう。ヘンリー八世の次に王位についたエドワード六世の時代、ウィリアム・セシル卿がロンドンの魚商人から漁業の状況を聞き出している。魚商人の報告によれば、ヘンリー八世の在位二十年目（一五二九年）あたりにはおよそ四百四十艘の漁船が操業していたのに、この調査が行われた、おそらく一五五二年か一五五三年には、その数は百三十三艘にまで落ち込んでいた。

当時、漁業の衰退は海軍力の衰退にそのまま直結した。島国であるイングランドにしてみれば、これは国防力の衰退それ自体を意味する。漁業は「水兵の養成所」だと当時は考えられていた。戦時になれば漁民は基礎的な訓練なしに、即座に水兵として働くことができる。しかしそれだけのことではない。戦艦がまだ十分特殊化していない当時においては、漁船は軍艦として徴用されたのだ。戦時における漁船の徴用は実際には近年まで続いており、第二次世界大戦時にはタラ漁のトロール船が掃海艇として徴用された。そのせいで戦時中にはタラ漁が停止し、おかげでタラの個体数が増加したそうである。つまり漁業の規模はそのまま海軍の規模を意味した。宗教改革の影響が、イングランドではとんでもないところに現れたのだ。

自国の漁業の保護を目的とした一五四一年の法令は、四年後にもう一度、エドワード六世やメアリー女王の治世にも再度制定され、さらにはエリザベス女王の治世にも同様の趣旨を持つ法令が数度にわたって施行された。この時期のイングランド漁業の衰退に関して、歴史家の共通した見解は宗教改革を最大の原因としているが、もう一つ別の原因としてよく指摘されるのは、イングランドの対岸にあるオランダの漁業の隆盛である。これは歴史の皮肉としか言いようがない。オランダの宗教改革の影響はイングランドより一層徹底していて、結局はそれが高じて旧教国の盟主であったスペインからの独立運動へとつながっていく。しかし、これは次の章で詳述するが、オランダの塩漬けニシンの製造技術は当時世界の最高峰にあり、ハンザから塩漬けニシンの独占状態を奪い取っていたのだ。国内の需要が多少落ち込んだところで、彼らは海外に販路をいくらでも持っていた。そしてそれでなくても需要の減ったイングランドの市場を、オランダのニシンが席捲《せっけん》したのである。したがってこの時期に取られたイングランドの漁業復興策の一つは、徹底した保護貿易だった。

イングランドが採用したもう一つの漁業復興策が、ポリティカル・フィッシュ・デイの強制である。一五四八年、エドワード六世の時代に「肉の節制のための法案」が議会を通過する。

これは金曜日と土曜日、聖職按手節、レント等の従来のフィッシュ・デイに肉を食べることを法的に禁止するもので、違反者には罰金が科せられることになった。その趣旨は、「しかるべき神聖な禁欲は徳にいたる手段であり、人間の肉体を抑制して魂と精神のもとに置くための方法である」という従来の宗教的なもの以外に、「漁師、海での漁業を生業とするものをそれによっていっそう仕事につかせることをもとくに考慮して」という政治的な理由が加わった。

こうした政治的な背景を持つフィッシュ・デイが十六世紀の後半にはイングランドでは、保護貿易と合わせて主要な漁業振興策となっていく。この政策をとくに熱心に進めたのが、エリザベス女王第一の功臣であるウィリアム・セシル卿であった。彼はエドワード六世のころから漁業振興を重視し、前述の調査を行ったのもそのためである。そして一五六三年、エリザベス女王の時代には、彼は水曜日もフィッシュ・デイに加えるべく、ピューリタンたちの猛反対を押し切って新たな法案を通過させた。この法案は同時に新たな漁業の保護貿易を目的とした条項も含んでいた。

こうした政策が実際にはどの程度功を奏したかを評価するのは難しい。一五六八年、ノーフォークやサフォーク沿岸部の住民は一五六三年の法令のおかげで地域の魚の取引が増加したと報告し、四年間の期限付きで通過したこの法令の期限を延長するよう嘆願している。しかし北海でのニシン漁に関しては、あまりにオランダの勢力が巨大すぎ、イングランド漁業が伸張しているようには見えなかった。新大陸のニューファンドランドは発見当初からタラの漁場として多くの漁船を引き付けた。イングランドの漁船は十六世紀の終わりにその漁場で勢力を拡大するが、それはアルマダ海戦以降の話になる。

そして、やはり水曜日もフィッシュ・デイとしたことには国内の反発も強かった。トマス・フルトンは『海洋主権』のなかで、ポリティカル・フィッシュ・デイは効果がなかったと主張し、その根拠を信仰心の問題においている。信仰の問題だったからこそ、人々はつらい断食にも耐えることができた。そしてプロテスタントの影響で、フィッシュ・デイは「パピイスト的」、つまりカトリック的という悪い印象が付与されてしまってもいた。人々はポリティカル・フィッシュ・デイを「セシルの断食」と陰口をたたき、医師に頼んで病気であるため肉を食べなければならないという診断書を手に入れ、なかにはエリザベス女王その人からそうした許可を得る者までいた。当然違反をする者も多く、早くも法案が通過したその年にロンドンの女性がレントの最中、自分の経営するタバーンで肉を食べた廉《かど》で晒台《さらしだい》に架けられている。一五七一年には、国中の治安判事が無数に同様の違反の報告を枢密院に上げている。結局こうした不人気が原因で、水曜日のフィッシュ・デイは一五八四年、その他のフィッシュ・デイを破った場合の罰則を強化するのと引き換えに廃止され、一五九三年には、すべての罰則が大幅に軽減されてしまった。

だがセシルにしてみれば、国内の不人気を圧《お》してでもポリティカル・フィッシュ・デイに拘《こだわ》る理由があった。スペインの存在である。旧教国の盟主であるスペインはプロテスタントであるエリザベス女王の王位を認めず、カトリックであるスコットランド女王メアリー・スチュアートを正統なイングランドの君主と見なしていた。海軍力の増強はまさしく急務であったのだ。ポリティカル・フィッシュ・デイがそのことでどの程度の効果をもたらしたかは分からないが、こう言うことはできるだろう。イングランドの国民は、アルマダ海戦に勝利するために、無理やり魚を食わされたのである。

その後もポリティカル・フィッシュ・デイは政策としてしばしば採用された。ジェイムズ一世もチャールズ一世も、王政復古後にはチャールズ二世もジェイムズ二世も、十七世紀のイングランドは繰り返しこの政策を採用している。しかしそれがどの程度効果があったのか、あるいはどの程度真面目に守られていたのかは、やはり疑わしい。ピューリタンたちはこの政策を「ローマのぼろ服」と呼んで見下し、一六四〇年から清教徒革命が終わる一六六〇年まではこの政策は完全に停止してしまった。

チャールズ二世が王政復古でイングランドに帰国すると、レントの魚食の強制も復活し、その様子を『サミュエル・ピープスの日記』のなかに見てとることができる。「イギリス海軍の父」と後世称されることになるピープスは、チャールズ二世が一六六四年に漁業振興のために設立した「王室漁業会社《コーポレイション・フオ・ザ・ロイアル・フイッシャリー》」で理事を務めることにもなる人物である。王政復古後はじめてのレントが訪れたおりに、彼はすでに海軍の事務作業を統括するネイビー・ボードで要職についていた。一六六一年二月十四日の日記にはこうある。「巷《ちまた》で噂になっているのは……レントが国王の布告どおりの厳しさで守られるかどうか、ということだ。それは無理だろうと考えられている。というのも、貧乏なものたちが、魚を買うことができないからだ」。その年は二月二十七日がレントの開始日だった。ピープスは決意も新たに、「私は魚料理を頼んだ。それを夕食として食べたのだ。今日はレントの第一日目だった。そして私は精進を続けることができるかどうか、試してみようと思ったのだ」。ところがこの試みは、わずか一日で挫折してしまう。海軍の人間を含む、数名の友人と食事を出先でとったのだが、「自分の決意とは裏腹に、ほかに食べるものがなかったということもあるのだが、私はこのレントで肉を食べてしまった。しかし、できるだけ食べないようにしようと思っている」。

もちろんカトリックが優勢な国ではフィッシュ・デイはあくまで信仰の証としてつづけられた。そして現代にいたるまで、もちろんその厳格さや日数はおおいに減じたものの、それを守り続ける敬虔なカトリック信者は数多くいる。テネシー・ウィリアムズの『ガラスの動物園』(一九四五)では、姉のローラに引き合わせるために職場の友人を自宅に招くことにしたトムに、母親のアマンダが友人の名前を尋ねると、トムは「そいつの名前はオコナーだよ」と答える。

あきらかにアイリッシュであり、であれば当然カトリックだろうと、アマンダはこう返すのだ。

だったら当然、魚よね。明日は金曜日だわ。

宗教改革のあと、旧教国では魚を食べ続け、新教国ではフィッシュ・デイは廃止されるか、ポリティカル・フィッシュ・デイとして国家が強制したとしても、国民の側が真面目に守ろうとしなくなってしまった。しかし歴史の不思議議は、その旧教国の宗教的要請によって生まれた魚の需要を、経済的に支え、そしてそこから巨大な富を蓄積したのは、まずは新教国のオランダであり、その後その地位を奪い取るのは、やはり新教国のイングランドだということだろう。その不思議議を、この後の章で追いかけていきたい。

第三章　ニシンとハンザ、オランダ

1　ニシン以上に殺す

『魚の保存』（一九五六）のなかでチャールズ・L・カティングも述べていることだが、シェイクスピアの作品でメタファーとして使われる淡水魚と海水魚を比較すると、どうも海水魚のほうがひどい扱いを受けているような気がする。たいてい相手や自分を罵《ののし》る言葉として利用されているのだ。淡水魚に対してはそうした態度があまりない。

シェイクスピアの作品のなかにでてくる淡水魚を挙げていくと、「デイス」、「カワカマス《パイク》」、「テンチ」、「ウナギ《イール》」、「サーモン」、「マス《トラウト》」、「コイ《カープ》」、「ミノウ」となかなか豊富だが、たとえばその中でも一番登場する頻度が高い「ウナギ」一つ取ってみても、

クサリヘビはウナギよりもいいと言うのか、
その色鮮やかな皮が目を楽しませるからといって。
（ペトルーチオ、『じゃじゃ馬ならし』）

怒鳴るといいよ、おじさん、街の女がウナギを（パイにするため）
生きたままパイ生地に入れようとしたときのように。女は棒で

ウナギの頭を叩いて叫んだんだ。「寝てなよ、落ち着かない子だね、
寝てな」ってね。

（道化、『リア王』）

コミカルな描かれ方はしても、ウナギに対しての嫌悪は感じられない。これが形状は似ていても、海水魚の「アナゴ《コンガー》」になると、突然罵詈雑言の類となる。

首を吊っちまいな、この泥臭いアナゴ野郎、首をくっちまいな

（ドル、『ヘンリー四世　第二部』）

シェイクスピアと同時代人である故事研究家のウィリアム・キャムデンは『ブリタニア』のなかで、シェイクスピアの故郷であるウォリックシャーに隣接するウスターシャーについてこう語っている。「また、この地域は水に恵まれてもいる。というのも、あらゆる場所に素晴らしい川があり、そこにはきわめて美味な部類の魚が豊富にいる。幾筋かある平凡な川に加えて、もっとも雄大なセヴァーン川の豊かな水がこの州の真ん中を南北に走り、そしてウォリックシャーから流れ込むエイヴォン川が南部を走ってセヴァーン川に合流する」。そしてセヴァーン川には「ヤツメウナギ《ランプレイ》が大量に生息している……。これらは春の季節が旬《しゅん》で、この時期が一番

おいしいのだ」。若いころのシェイクスピアは、おそらくこれらの川で獲れる魚を食べたかもしれない。あるいは、シェイクスピアの作品に見られる淡水魚と海水魚の扱いの違いは、この若い時分の経験に起因しているのだろうか。劇作家として活躍したロンドンでは、海水魚を扱う魚屋はひどいものだった。「タイセイヨウサバ《マッカラル》」などはフォールスタッフの言うとおり、「悪臭を放つ《スティンキング》」（ヘンリー四世第一部第二幕第四場）代物で、鮮度を誤魔化《ごまか》すために商品に水を掛けるのだが、その水掛けも一度までと定められていた。逆に言えば、何度もかけて誤魔化す輩《やから》もいたということだ。

「アナゴ」や「タイセイヨウサバ」以外でシェイクスピアの作品のなかにでてくる海水魚には、「カタクチイワシ《アンチョヴィ》」、「ピルチャード（サーディンの成魚）」、「スプラット」、「ホウボウ《ガーナード》」、「ニシン《ヘリング》」、「タラ《コッド》」があるが、そのほとんどが負のイメージを付与されている。そしてなかでも「ニシン」と「タラ」が、頻度のうえでも負のイメージのうえでも双璧をなしているのだ。「タラ」は先の章で詳述するので、ここでは「ニシン」についていくつか紹介しよう。

まずは『ウィンザーの陽気な女房たち』。エヴァンズ牧師に果し合いの挑戦状を送ったキーズ医師が、約束の場所に現れないエヴァンズ牧師を罵り、こう言っている（第二幕第三場）。

くそ、ニシン以上にあいつのことを殺してやる。

英語には「ニシンのように死んでいる《デッド・アズ・ア・ヘリング》」という言い回しがある。詳しくは後述するが、ニシンは当時「塩漬け《ピックルド》」にしたものが主流で、この塩漬けニシンを作るためにはまず腸を抜き、漬け汁《ピックル》に漬け込まなければならない。つまり何度も何度も徹底的に「殺す」ことになるわけで、おそらくはそうしたことからこういった表現が生まれてきたのかもしれない。

『ヘンリー四世』の第一部は間違いなく魚のメタファーが一番豊富な作品だが、それらのメタファーにはほとんどフォールスタッフが関わっている。何よりも自分のことを第一に考え、カーニヴァルの象徴のようなフォールスタッフには、フィッシュ・デイが持つ宗教的な意味合いも、あるいは国防上の必要性も、取るに足りない些事《さじ》に過ぎないのだろう。それどころか、自分の欲求を抑圧する象徴とでもいうかのように、とにかく魚に対して毒づいている。第二幕第四場、居酒屋で質の悪化を誤魔化すために石灰を入れたサック酒に文句を言いながら、この世から男らしさが失われたことを嘆いている。

もし男らしさが、あっぱれな男らしさがこの地表の上から忘れ去られていないというなら、
そのときゃ俺はショットン・ヘリングだ。

「ショットン・ヘリング」とは産卵後の身の痩せたニシンのことで、味の上でも値段の上でも一段下のニシンのことだ。

似たようなメタファーで、もっと込み入ったものが『ロミオとジュリエット』にある。ジュリエットに出会うまえ、別の女性につれなくされて意気消沈しているロミオを、友人のマーキューシオがこう評している（第二幕第四場）。

卵がなくなり、干されたニシンのようだ。おお、肉よ
肉、汝はいかにして魚と成り果てたか《フィッシュファイド》。

「フィッシュファイ」とはこの作品のなかだけで使われている単語だが、前章で述べたとおり、断食の目的は肉欲を抑えることにある。そんな断食日に魚食が許された医学的な背景は、魚の持つ「性質」が「冷たく」、肉欲を駆り立てる「熱さ」とは正反対のものだからだ。肉が「フィッシュファイ」されるということは、男らしさの本質でもある「熱さ」を失うことで、そうした魚のなかでも「ショットン・ヘリング」はとりわけ男らしさからはかけ離れた存在だっただろう。つまりフォールスタッフの台詞も、「俺はこのうえなく女々しい男だ」という程度の意味になるのだろう。また「干された《ドライド》」という形容詞がついている以上、このニシンは漬け汁

に漬け込む塩漬けニシンではない。日干しのニシンがないわけではなかったが、おそらく燻製ニシンである「レッド・ヘリング」のことだろう。「レッド・ヘリング」については次章で説明する。

最後にもう一つ紹介しよう。これはメタファーではないのだが、当時の塩漬けニシンの品質をよく表している。『十二夜』第一幕第五場、オリヴィアの叔父であるトービーが、おそらく酒の肴に塩漬けニシンでも食べたのだろう、二日酔いで体調の悪い理由をニシンのせいにして毒づいている。

塩漬けニシンのせいで気分が悪い。

ニシンは脂の多い魚であり、そのためにただ日干しにしただけではすぐに傷《いた》んでしまう。そこで登場したのが塩漬けニシンになるのだが、その加工に関して当時一番技術が高かったのがオランダであり、その秘訣はイングランドにはまだ伝わっていなかった。そのため、十七世紀に入った後でもイングランド産の塩漬けニシンはオランダ産のものと比較すると割安だったが、品質はおおきく劣り、不良品も多かった。シェイクスピアと同時代の劇作家であるロバート・グリーンも、一五九二年の死亡はニシンが原因ではないかと言われている。もしかしたらこうした品質の問題も、ニシンの不人気に一役買っていたのかもしれない。

フォールスタッフたちがニシンを憎んでいても不思議ではない。前章で述べたとおり、イングランドはヘンリー八世の時代に断食日から宗教的な強制を取り払い、個人の自由に任せた。ところがそのために漁業が衰退して国防に問題が生じると、こんどは経済的、政治的な理由からフィッシュ・デイを強制したのだ。フォールスタッフでなくても、宗教的な信念もなしに食生活を制限されれば面白くない。しかも前章で紹介したとおり、多くの人間にとってフィッシュ・デイに選択できる魚の種類には限界があった。多くの場合はニシンであり、あるいはタラだったのだ。

しかしニシンが決定したのはこうした市井の人々の食生活だけではなかった。宗教的な要請で生まれたフィッシュ・デイが巨大な需要を生み出し、その需要を満たすための商品として生み出され、国際市場に乗った最初の商品がニシンの塩漬けだった。そして回遊魚であるニシンはその回遊コースを現代でもはっきり分からない理由によって大きく変えることがある。ニシンの塩漬けが経済の基盤の一つとなってしまったため、その回遊コースの変化が、いくつもの国や集団の盛衰を決定してきたのである。

2　ニシンとヴァイキング

ニシンはヨーロッパでは北大西洋に生息し、地中海地方ではその存在が知られていなかった。そのため、西ヨーロッパの封建制度の誕生以降でないと、その記録は残っていない。イングランドでは六四七年に、後世ニシン漁で有名になるヤーマスの教会が、漁師の守護聖人である聖ニコラウスに捧げられている。七〇九年には前述のウスターシャーにあるイーヴシャム修道院の会計簿にニシンの記録がある。また、十世紀の終わりのノルウェイ人のサガにも、ニシンについての記述がある。

漁業のなかでもニシン漁が重要な意味合いを持った理由は、とにかくその量にある。産卵期になると大群をなして産卵を始めるわけだが、その時には海面がざわざわと音を立て、岸に向かって押し寄せてくるのだ。その大群のなかには杖を立てることができるなどとも言われていた。日本でもニシンの産卵のことを「群来《くき》」と呼ぶわけだが、その時はオスの白子が放出されて、海面が白濁したそうだ。このニシンの大群が、春と秋に北海とバルト海で産卵をする。とくに農業や牧畜に限界のある北欧においては、これはまさしく天からの贈り物と言っていい。

ヴァイキングの海外への移住が始まった理由については諸説がある。なにぶんもともとが単発的に発生しはじめたものなので、その動機や背景に関しては様々な分野の資料をもとに推測していくしかない。そうした推測のなかでも少し変わった説がある。ヴァイキングのイングランド襲撃の背景にはニシンの回遊コースの変化が関係しているというのだ。一九五二年、ヒストリー・トゥデイに掲載された「ニシンと歴史」で、S・M・トインがこの説を披露している。ヴァイキングは入り江に暮らしており、農業や牧畜には環境的な限界があった。つまり主要な食糧は魚類であり、ことにニシンやタラは重要だった。トインによれば、十世紀にはヴァイキングのイングランドへの来襲が小康状態に入ったことがあった。スカンジナヴィア半島でとりわけ農業生産の向上があったわけではない。ただこの時期、スカンジナヴィア半島でニシンの豊漁が記録され、この状態は十世紀末まで続き、その後ニシンの回遊コースはふたたび西へと移動したそうだ。

トインは加えて、ヴァイキングがイングランドで定住した地域にも着目している。「ヴァイキングはたいてい、もともと地元のニシン漁がすでに栄えていた地域に植民しているのだ」。つまりヤーマスをはじめとしたイースト・アングリアである。そこはヴァイキング来襲の時代にはデイン・ローと呼ばれた地域だ。デンマークはユトラント半島の中程からそのまま西へ進めばイースト・アングリアになるわけだが、ヴァイキングたちはなにもデンマークからだけ襲来したわけではない。その多くはバルト海から大ベルト海峡やエーレスンドの海峡を抜け、あるいはオスローから、もしくはベルゲンのあるノルウェイ南西部から到来したのである。この地域からイースト・アングリアに来る場合、すでにヴァイキングの支配下にあり、アイルランドやマン島へ向かう時の中継地となっていたオークニー諸島への航路をまずは取ったはずだ、とトインは推測する。その後進路を南西に変え、イースト・アングリアに向かうわけだが、なるほどこれは後世オランダが北海でニシン漁をした時のコースとほぼ一致する。オランダの場合オークニー諸島よりさらに北北西にあるシェトランド諸島からニシン漁を開始した。そのためシェトランド諸島は当時オランダ漁船の漁業基地のような役割を果たしていたのだが、当然ヴァイキングの時代、シェトランド諸島も彼らの支配下にあった。

前述したとおりヴァイキングの海外への移住の背景に関しては諸説があり、いずれも基本は推測に基づくものである。トインの推測は十世紀にニシンの回遊コースがノルウェイ寄りにあった時期にはイングランドへの襲来が小康状態にあり、ヴァイキングが植民した地域がもともとニシン漁が盛んな地域で、また来襲のおりに彼らが取ったと思われる航路が、たまたま回遊コースが北海にあるときのオランダのニシン漁のコースと合致するという二点から導き出されたものだ。これでは推測にしてもいささか根拠が弱いと思われるかもしれないが、実はこの推測は漁業史方面では一定の評価を受けたようだ。トイン自身、一九四八年に『歴史のなかのスカンジナヴィア人』のなかでこの説に触れているが、一九五六年には『魚の保存』（一九五六）

のなかでチャールズ・L・カティングがトインの説を紹介しており、以降、『ブリテンの食べ物と飲物』（一九七三）のC・アン・ウィルソンをはじめ、何名かの研究者がこの推論に触れている。ニシン漁の歴史を知っている者なら、右記の二点以上に説得力のある根拠を歴史のなかに見出すことができるからだろう。ニシンの回遊コースの変動は、その後実際に何度も国家の盛衰に関わっている。ニシンがヴァイキングの移動の原因のすべてではないにしても（そんなことはトインも言っていない）、部分的には何らかの形で関わっていてもおかしくない。

トインも彼の文章のなかでヴァイキングを扱った一説の締めくくりとして、クヌートが築いた北海帝国に触れている。イングランド、ノルウェイ、デンマーク、そしてスウェーデンの一部からなる彼の帝国は、北海とバルト海におけるニシンの漁場をほとんど内包している。もちろんトインは北海帝国の成立がニシン漁に原因があるなどと言っているわけではない。しかしもしこの帝国がクヌート一代で終わっていなければ、「ニシンがスコーネ地方からアバディーンに移動しようと、ヤーマスからベルゲンに移動しようと、あるいはオスローからフリジア諸島に移動しようと、国際的な悶着は起こらなかっただろう」。

3　ハンザ

ニシンは不飽和脂肪酸の割合が高い魚で、すぐに酸素と結合してしまう。そのため、高タンパク質のタラのように塩を使わず日干しすることは可能ではあるが、これだとすぐに質が悪くなってしまう。そうしたものはあくまで地元で消費するための商品にしかならなかった。したがって、いくら大量に獲ることができたとしても、冷凍技術のない時代にはそのほとんどを肥やしにするしかなくなってしまう。キリスト教の普及と、それにともなうフィッシュ・デイの定着、さらには十三世紀の人口の増加から生まれる需要に応えて、ニシンが国際貿易での主要商品にのし上がるには、量に加えて保存加工の技術と輸送手段の確立が必要だった。この二つの手段を初めて用意したのがハンザだった。ハンザの隆盛の土台を作ったのも、その頂点からの転落にも、背景にはニシンが関係していた。

やがてはハンザの中心都市へと発展していくリューベックは、一一四三年、ユトラント半島のバルト海側の付け根に建設され、十三世紀初頭から北海地方とバルト海地方の貿易の中継都市として、重要な地位を確立していく。一般にハンザの成立は、このリューベックと、ユトラント半島の北海側の根元にあるエルベ川沿いのハンブルクとが一二四一年に交わした商業同盟が発端とされている。しかし「ハンザ」という言葉は本来が「団体」という意味で、中世盛期に入って商業が復活し、都市の発達が進んでくると、まだまだ治安の悪い街道や航路での安全を協力して確保したり、商業上の便宜をおたがいに図るための交易商人同士の「ハンザ」が十二世紀には生まれていた。一二四一年のリューベックとハンブルクの商業同盟は、そうした協定が自由都市間で結ばれたもので、この同盟に他の都市も加わる形でハンザは拡大していき、その全盛期には加盟都市がおよそ二百を数えるまでになる。

リューベックが交易の中心地として発達した背景には、バルト海と北海とを隔てるユトラント半島の根元という立地条件があるのだろう。だがこの場所には、二つの海域の中間点という以外に、もう一つ大きな旨みがあった。対岸であるスカンジナヴィア半島の南端にある、現在ではスウェーデン領だが当時はデンマーク領だったスコーネ地方、そしてリューベックの東にあるリューゲン島の岸に、十一世紀になるとニシンの大群が押し寄せていたのだ。加えて、南西には岩塩の産地であるリューネブルクがあった。この二つの条件がそろったおかげで、建設間もないリューベックはニシン貿易で有利な立場を確立していく。十三世紀に入ったころにはすでにスコーネ地方でのニシン貿易はリューベックにとって重要な地位を占めていたようで、一二〇一年、デンマーク王クヌート六世によりスコーネの市場においてリューベックの商人が逮捕され、商船が捕獲されたときに、リューベック側はデンマーク王に屈服するしかなかった。また一二二四年には、リューゲン島において、ニシンの輸出に関する特権をリューベックは獲得している。ニシン貿易の増加はそのまま塩の購入量に直結し、十四世紀の終わりにはリューネブルクの年間生産量のおよそ五〇%をリューベックの商人が購入しており、また、バルト海地方への塩の輸出はリューベックだけを通して行われた。ちなみに、一二〇五年においては五千二百トンだったリューネブルクの塩の生産量は、十三世紀末にはおよそ一万六千トンにまで上昇している。リューベックも自分たちにとってのニシンの重要性をしっかり理解しており、その紋章には三尾のニシンが入っていた。

リューベックにとって重要だったスコーネの市場は十二世紀以降記録が残っており、十三世紀の半ばには国際的な市場として確立、十四世紀初めにはハンザがほぼ独占状態を固めた。漁場がすぐ前にある浜が市場になっており、リューベックをはじめ、ダンツィヒ、シュチェチン、コルベルクなどのハンザの大都市がそこに縄張りを持っていた。この縄張りのなかでニシンに保存加工がなされ、同時に商人たちが野営して、取引も行われた。市場が開かれたのは一般に七月二十五日から九月二十九日までで、ただニシンの取引ばかりでなく、イングランドやネーデルランドなどの西欧諸国の商人や、スカンジナヴィア半島の商人、あるいは建設されて間もないバルト海南東岸の都市から来た商人たちが、自国の商品とニシンを、もしくはそれぞれの諸国の商品を取引したのだ。つまり市場が開いている期間は、ただニシンが取引されたというだけでなく、このスコーネの浜が東西南北を結ぶ役割を、リューベックと分け合うほどの盛況ぶりだった。

これに加えて漁師たちがいる。ハンザの商人たちはもっぱら保存加工と交易を担当し、漁をしたのはおもに地元のデンマーク人たちで、彼らが支払う入漁料は市場の縄張りの使用料と合わせて、デンマーク王にとって重要な収入源だった。漁師、保存加工関連の職人、ハンザおよび諸国の商人と、市場の規模は相当になるが、その規模を数値的に示してくれた事件があった。一四六三年、漁師のデンマーク人と、保存加工を担当するドイツ人職人たちとのあいだでたいへんな喧嘩がおこったのだが、それに関わった人数はおよそ二万名と報告されている。

ニシンの保存加工の技術が、いったいどういった経緯でどのように開発されてきたのか、その詳しい経緯はよく分かっていない。ただし一般に、以下のような形に落ち着いたようだ。

まず陸揚げされたニシンの腸を抜いたあと、海水で洗ってから塩をして、樽のなかに塩と一緒に漬け込み蓋をする。十日間寝かしたあと、樽の蓋を開け、ニシンが縮んだ分だけニシンを加えてもう一度蓋をする。また腐りやすいニシンの加工商品の品質を保持するには、そのための細かい規定が必要だが、ハンザは、さすがはドイツ人というべきか、塩漬けのための細かいルールも取り決めていった。たとえば小さいニシン、劣ったニシンを樽の中程に隠しこんではならなかった。また、樽のなかのニシンはすべて塩漬けの加減が同じ程度でなければならず、規則正しく層をなすよう詰め込まなければならなかった。はじめは最初に漬け込んだ樽で輸出されていたが、後にはいったんハンザ都市に送られ、そこで塩漬けされたニシンをえり分けたうえで、特別な焼印の入った樽に詰めなおされた。そして「ショットン・ヘリング」と子持ちニシンとは別々に樽詰めされた。こうした保存加工の方法や規則はニシン貿易に参加した各ハンザ都市で違いがあったが、一三七五年にリューベックで開かれた会議において、ロストクのやり方がスタンダードとして選択された。

塩漬けニシンが樽詰めの形をとったことは、輸送の面でも便利だった。そしてこの輸送において、ハンザはとても大きな武器を手に入れる。コグ船である。一九六二年、北海に注ぐヴェーザー川のブレーメンの下流域で、保存状態が著しくいい船体が発見された。建造年代が一三七九年から一三八〇年と分析されたこの船が、ドイツ北東部の都市シュトラールズンドの印章にしかその形状の記録が残っていなかったコグ船だった。「ブレーメン・コグ」と呼ばれるこの船の積載量は八十四トンで、この発見以来、数隻のコグ船がそれと特定されている。

このコグ船が現れるまで、北欧の海域で活躍していた船は、たとえばヴァイキングの使っていた船などがその代表だが、外板をその端を重ねながら張り合わせていく「鎧張り《クリンカー》」だった。それに対してコグ船の特徴は、積載量を増やすために船底を平底にして、その部分は外板の端と端とを合わせた平張りになっており、それが船首と船尾に近づくにつれ鎧張りに変わっていくというものだった。帆は四角帆で、船腹部が膨らんだその形状は、全体的に箱のような印象を与える。

コグ船以前の鎧張りの船も発掘されており、そうしたもののなかには積載量が大きい船もあ

コグ船　Brian Fagan, *Fish on Friday* (New York, Basic Books, 2006) より

るので、個々の事例を見ただけではコグ船の出現以降船の積載量が著しく増加したとは、一概には言えない。たとえば一九八一年、デンマークで発見された「ヘダビー3」と呼ばれる船は、一〇二五年に建造されたもので、積載量は六十トンと分析されている。そこで『コグ、積荷、通商』のなかでジャン・ビルは、船舶に関する考古学上の発見や文書に残った記録から、個々の船舶の積載量を年代ごとにグラフに打ち込み、その結果、積載量の「増加は十二世紀終わりから急激にスピードを増し、十四世紀に停滞したあと、一四〇〇年あたりにふたたび加速する」という結論を導いている。もちろん、こうしたデータはもともと数が少ないので、今後の発見次第ではこの結論も変化する可能性はあるわけだが。それでもジャン・ビルが打ち込んだデータによれば、十三世紀の終わりには積載量が二百トンの船が現れ、一四〇〇年以降には四百トン以上の船舶も出現する。

いずれにせよ、十三世紀半ば以降の北欧におけるドイツ商人の交易が爆発的に伸張した背景にはコグ船があるというのはもはや定説で、『ドイツのハンザ』の著者フィリップ・ドリンガーの言葉を借りれば、「詳細を実証するのは困難だが、この手の技術の優位性だけが、十四世紀までハンザが保持した優越を説明できる」。そしてこのコグで塩漬けニシンを輸送し、ハンザはドイツは当然のこと、ロシア、ポーランド、バルト海地域、フランドル、フランス、スペイン、ポルトガル、そしてイングランドにも販路を持っていた。

ハンザのニシン貿易の心臓であるスコーネはデンマークの領土内にあるわけだが、デンマーク王家とハンザの関係は、前述したようにリューベックの商人を逮捕したりと、けっして良好というわけではなかった。そのデンマークに一三四〇年、ヴァルデマー四世が即位する。再興王と命名されたこの国王は疲弊した財政を改革し、その後領土の拡張政策に打って出る。しかしこの動きを警戒した周辺諸国がハンザと結び、一三七〇年にハンザが勝利してシュトラールズント条約が締結される。この条約によりハンザの持つ特権が再確認され、いよいよハンザは最盛期を迎えることになる。しかし絶頂も束の間だった。ハンザの富を支えていたニシンの群れが、十五世紀の第二四半世紀に入るとバルト海で産卵する機会が減少しはじめ、十六世紀には完全に北海へと移動してしまうのである。

4　ウィレム・ブーケルス

塩漬けニシンの製法を確立した人物として、ウィレム・ブーケルスの名がよく挙がる。しかし実際にいたかどうかは定かでない。まず名前からしていくつもある。Beukels ではなく、Beukelsoon あるいは Beukelzoon と綴られることもある。もしくは k の前に c が入ることもある。いずれも、Beukel の息子という意味である。もしくは Beuzelzoon と音までも違うものもある。ひどいのになると、彼は一般にオランダの人であるとされているのに、実はイングランド人で、Belkinson という名前だ、というものまである。

生死の年号も定かではない。その年号としてよくあがるのは、一三四七年、一三八七年、一三九七年、一四〇一年なのだが、それぞれが生誕年であることもあれば、亡くなった年であることもある。もし彼が塩漬けニシンの製法を確立した人物というなら、生誕年の解釈次第で、その製法の確立が一世紀は違ってくる。その彼が発案したとして伝わる製法も、それ以前からある技術とさして変わらない。要はニシンの腸を抜いて、腐りやすい部分を捨て、それを塩漬けにして樽詰めするというもので、ハンザのものと基本は同じである。

墓は確かにあったらしい。オランダ南西部にあるビールヴリートが墓の所在地だったが、海に浸食されて町のかなりの部分と一緒に沈んでしまった。しかし一五五六年八月三十日、神聖ローマ帝国皇帝カール五世（同時にスペイン国王でもあり、スペイン国王としてはカルロス一世）が、フランス王の未亡人である姉のエレオノールと、ハンガリー王の未亡人である妹のマリアと連れだって、ブーケルスの墓を詣で、オランダ経済の発展に大きく寄与した功労者のために記念碑を建立するよう指示を出したという言い伝えがある。当時オランダはハプスブルク家の支配下にあったのだ。これを確証する記録はない。ただし、『科学史学の先駆』のなかでジョージ・サートンは、この話はあり得ることだと論じている。というのも、痛風のために帝位を自ら退いたあと、カール五世は姉妹と一緒に出生地であるフランドルのガンを訪れ、その後フリシンゲンへと移動、そこから一五五六年九月十七日に隠遁先のスペインへと船で向かった。フリシンゲンはブーケルスの墓があるビールヴリートからそれほど離れていない場所にある。「フリシンゲンの行政官は間違いなく、（フリシンゲンやビール

ニシンの塩漬けの樽　Chales L. Cutting, *Fish Saving: A History of Fish Processing from Ancient to Modern Times* (New York, Philosophical Library, 1956) より

ヴリートのある）ゼーラントの主要な産業とその創始者について、尊き訪問者の注意を喚起したはずだ」。

ウィレム・ブーケルスは長いあいだ、ニシンの塩漬けの技術を確立した人物と見なされてきた。二十世紀に入ってからその実在に疑いの目が向けられるようになったが、もし実在していたとしたら、オランダの経済的飛躍の基盤の一つを確立した人物ということになる。オランダは十七世紀、十八世紀と世界を股にかけた貿易国家として、『近代世界システム』の著者イマニュエル・ウォーラーステインの言葉を借りるなら、イギリス、アメリカに先立つ世界で初めての「ヘゲモニー国家」として、他のヨーロッパ諸国の追随を許さないほどの巨大な富を築きあげる。もちろん原因はもろもろあるが、その大きな一つとして、ハンザに変わって塩漬けニシンの最大の供給元となったことがある。その意味では、世界を変えた発明と言っていい。名君の誉れ高いカール五世がその墓を詣でたことがあるという逸話も、大げさな法螺話と笑い飛ばすわけにはいかない存在なのである。ブーケルスが活躍したという伝承のある十四世紀には、オランダの飛躍が始まった時期とも重なる。この時代にはニシンの塩漬けの技術が飛躍的に改善されもした。その保存方法であれば、一年以上保管することができるようになったのだ。ウィレム・ブーケルスの伝説が世に広まったのも、その後のオランダ産のニシンの塩漬けの躍進があったためかもしれない。

『魚の保存』のなかでカティングは言っている。「ほかの多くの発明と同様、この発明も多くのステップを経て生み出されてきたのかもしれない、そしてそうだったのだ。したがってこの功績は、この職業に携わり、何が必要かを見抜く眼力を持ち、その問題点の解決の手助けができる多くの独創的な男たち一人一人に帰すべきものだ」。これが今の研究者のブーケルスに対する一般的な態度になる。ウィレム・ブーケルスは、ニシンの保存加工の技術の改善に関わってきた人間全員の象徴なのである。そして彼はオランダ人だった。実在性の云々より、政治的に重要な存在だったと言えるかもしれない。

サートンが面白い見解を紹介している。ドイツ語で塩漬けニシンは Pökelhering, オランダ語だと pekelharing, そして英語だと pickled herring になる。これはそれぞれ pökeln, pekelen, pickle という動詞からの派生語だが、これらは語源的には同じ語源から生まれたものだ。ところが、Beukels という苗字も同じ語源から生まれてきたように見えるというのだ。もちろん、Beukels という苗字は実際に存在するものなので、サートンも真剣に言っているわけではなく、あくまで余談としてこの見解を紹介している。しかし、もしこの見解が的を射たものということであれば、ブーケルスの日本語訳は「塩漬け太郎」とでもするべきかもしれない。

5　ニシンの戦い

イギリス人が執筆したニシンの漁業史にならかならずと言っていいほど登場するエピソードがある。塩漬けニシンは保存がきくため、かなり早い段階から軍の兵糧として重宝されるようになるのだが、そのことを説明するときに好んで利用されるエピソードが、百年戦争の最中、一四二九年に戦われたその名も「ニシンの戦い」である。

一四二八年九月から一四二九年五月にかけてイングランド軍はオルレアンを包囲した。最終的にジャンヌ・ダルクによって解放される、あの包囲戦である。オルレアンへの侵攻を強く主張したサリスベリー伯はこの包囲戦の最中に戦死、総司令官であり前国王ヘンリー五世の弟であるベッドフォード公は後任にサフォーク公を任命し、同時にトールボットをはじめとした諸卿をオルレアンに向かわせるが、その諸卿のなかにいたのがジョン・ファストルフ卿だった。この人物こそ、シェイクスピアが生み出した登場人物のなかでも一番の人気を誇るフォールスタッフのモデルとなった人物である。

シェイクスピアの作品のなかにはフォールスタッフが二人いると考えたほうがいい。あの有名なフォールスタッフがはじめて登場するのは『ヘンリー四世 第一部』である。シェイクスピアは当初、フォールスタッフをオールドカスルの名で登場させたが、実際のオールドカスルの子孫からクレームが来たため名前の変更を余儀なくされた。そこでそれ以前に執筆した『ヘンリー六世 第一部』に登場する「フォールスタッフ」に着目したのである。『ヘンリー六世 第一部』はオルレアン包囲以降のイングランド軍の敗北を描いている。史実のジョン・ファストルフ卿はオルレアン包囲戦にも参加し、同年の六月、イングランド軍の大敗北に終わったパテーの戦いでも一軍を率いている。この戦いではトールボットが捕虜となるまで戦ったのに対し、ファストルフは敗走、そのため総司令官のベッドフォード公からガーター勲章を剥奪されてしまう。『ヘンリー六世 第一部』での「フォールスタッフ」はこのパテーでの敗因をすべて押し付けられ、ガーター勲章の剥奪という不名誉ばかりが強調されたため、まったくの臆病者として描かれている。このことが『ヘンリー四世 第一部』の太った道化者の名前を選択するうえで打ってつけだと判断されたのだろう。

人間的な魅力はさておき、下品で口先ばかりの『ヘンリー四世 第一部』のフォールスタッフはもとより、たんなる臆病者として描かれた『ヘンリー六世 第一部』のフォールスタッフも、史実のファストルフからはかけ離れてしまっている。彼の軍人としての有能さを証明したのが「ニシンの戦い」だった。スティーヴン・クーパーの『本物のフォールスタッフ』によれば、包囲戦の最中、イングランド軍は物資が欠乏、ファストルフは食糧その他の物資を補充するためにパリに送られる。そして四百台から五百台の荷馬車からなる輸送隊を編成、指揮することになった。食糧は当然ニシンの塩漬けである。ところがその帰路、一四二九年二月十二日にオルレアン北方のルヴレイでフランス・スコットランドの混成部隊により急襲を受ける。塩漬けニシンは兵糧として優れているというだけではない。まだ銃火器が主流になる以前においては、その樽はバリケードとしても利用できた。敵兵の接近に気づくや否や、ファストルフは荷馬車で囲いを作り、人夫や馬を囲いのなかに入れ、防御態勢を取った。兵員数は圧倒的にフランス軍が優勢で、イングランド兵が五百から六百だったのに対し、フランス軍は三千から四千、あるいは六千とする研究者もいる。これに加えて、オルレアン城内から別働隊が出動していたのだ。塩漬けニシンの樽をバリケードとして利用したから「ニシンの戦い」などとコミカルな名称がついてはいるが、そもそも兵站《へいたん》を任されたということ自体がファストルフの軍人としての能力を物語っている。そしてこの圧倒的な劣勢のなか、彼はフランス軍を撃退したのである。

ニシンの漁業史の研究者がこのエピソードを好むのは、一つには魚がらみのメタファーとはやたらと縁の深いフォールスタッフのモデルである人物が、「ニシンの戦い」なる喜劇的な名称の戦争で武名を上げたという偶然の面白みにあるのだろう。加えてファストルフの出身がニシン漁で有名なグレイト・ヤーマスであることを考えれば、その偶然が必然のようにも思えるのかもしれない。そしてあのフォールスタッフのモデルとなった人物が、実は有能な軍人だったということに、イギリス人ならではの驚きを感じてもいたのだろう。

しかしフランス人にとってのファストルフ像は相当違うものだったようだ。ジャンヌ・ダルクがファストルフに戦場で相見《あいまみ》えたことがあるかは分からない。しかしクーパーによれば、オルレアンに到着した直後、彼女はファストルフの補給作戦が成功し、今一度彼が補給作戦を敢行するかもしれないと報告を受けた。イングランド側の資料では確認できないことだが、百年戦争後に開かれたジャンヌ・ダルクの復権裁判の最中、ジャンヌ・ダルクの従者を務めたジャン・ドーロンの一四五六年の証言によれば、オルレアンを守っていた私生児のジャン・ド・デュノワからジャンヌ・ダルクは、ファストルフが援軍と補給物資を輸送し、オルレアンに向かっていると報告を受けた。そしてジャン・ドーロンの言葉どおりであるなら、ジャンヌはド・デュノワにこう命じた。

私生児よ私生児、神の御名において、お前に命ずる。ファストルフの到来の報を受けたならすぐに私に知らせなさい。もしファストルフが私の知ることなく通り過ぎることとなったら、お前に誓って言うが、私はお前の首を切り落とすでしょう。

オルレアンの包囲戦から三十年近くもあとでの証言であるため、詳細の真偽ははっきりとは分からないが、ジャンヌ・ダルクもド・デュノワも、ファストルフを警戒すべき武将と見なしていたことは確かだろう。

ファストルフはフランスにおいても劇の登場人物となっている。作者は不明だが、一四三九年までには成立していた『包囲戦の劇』のなかで、ファストルフはジュアン・ファストの名で登場し、恐るべきイングランドの将軍として描かれている。舞台に登場した彼は観客に向かってこう語る。

行かねばならない、これ以上遅れることなく。
イングランド軍を助けるために。
さあ積み込むのだ。大砲と
火薬とすべての装備を。

とてもではないが、フォールスタッフと同じ人物がモデルになっているとは思えないのである。

6　ニシンの骨の上に建つ街

北海でオランダが行ったニシン漁は、それまでのスコーネでのニシン漁とは様相が大きく異なっていた。スコーネでのニシン漁は浜に押し寄せてくるニシンを沿岸部で捕まえ、すぐそこにある浜まで運べばいい。塩漬けの作業もその浜で行う。ところがオランダは、自国の沿岸にやってくるニシンをちまちま獲っていたわけではなかった。産卵期に入ったニシンはシェトランド諸島沖から南下をはじめ、ブリテン島とオランダ、そしてフランスとのあいだの海峡を下っていく。あるいはブリテン島とアイルランドとのあいだの海峡を下る群もある。オランダ漁船はその群をシェトランド諸島沖から追いかけ、前者のルートを通って、スコットランド、イングランドの目と鼻の先を掠《かす》めるように漁を続けたのだ。

この「大漁業《グランド・フイシャリ》」と呼ばれたニシン漁が始まるのは六月の終わりから七月の初めにかけてだった。一般に六月二十四日、ミッドサマーズ・デイに当たる聖ヨハネの祝日に始まったとする説明をよく目にするが、『魚の保存』のカティングの説明によれば、通常の開始日は七月の一日で、一五八八年、一五九三年、一六二〇年には六月二十四日、一五八六年には六月の一日に始まったそうだ。おそらくニシンの動向に応じて多少の変動があったのだろうということだ。

そして七月二十五日まではシェトランド諸島からスコットランド北部のバカン・ネスにかけて、七月二十五日以降はバカン・ネスから南下して、秋にはイースト・アングリアで漁をし、十一月二十五日まではヤーマスのあたりに居座り、クリスマスのころにはテムズ川の河口で漁をしたのである。

この漁では当然、捕まえたニシンを船上で塩漬けしなければならない。それにはデッキのある船が必要だった。デッキのない船では、塩が波や雨で溶けてしまうからだ。加えて、外洋で漁をするため、安定性の高い船が漁船として必要だった。ハンザが輸送船として使用していたコグ船にはデッキはあったが、外洋には向いていない。つまり新しいタイプの船と、たとえば漁船に補給し、また漁船にたまった塩漬けニシンを引き取るといった、ハンザのニシン漁とは異なる新しい管理体制とが必要だった。

北海でのニシン漁でオランダが使用した漁船がバスだった。この船もコグ船と同様、実物が残っているわけではなく、たとえばフェルメールの『デルフトの景色』のような絵画のなかでのみその形状が現代に伝わっている。安定性の高い船で、積載量は一般的に八十トンから百トン、三本マストでデッキが貼られていた。このマストのうち前二本は、漁の最中は風の影響を避けるため、斜めに倒すことができた。バスがはじめて建造されたのは一四一六年のことで、アムステルダムの北三十キロほどのところにあるホールンと、そこからほど近い場所にあるエ

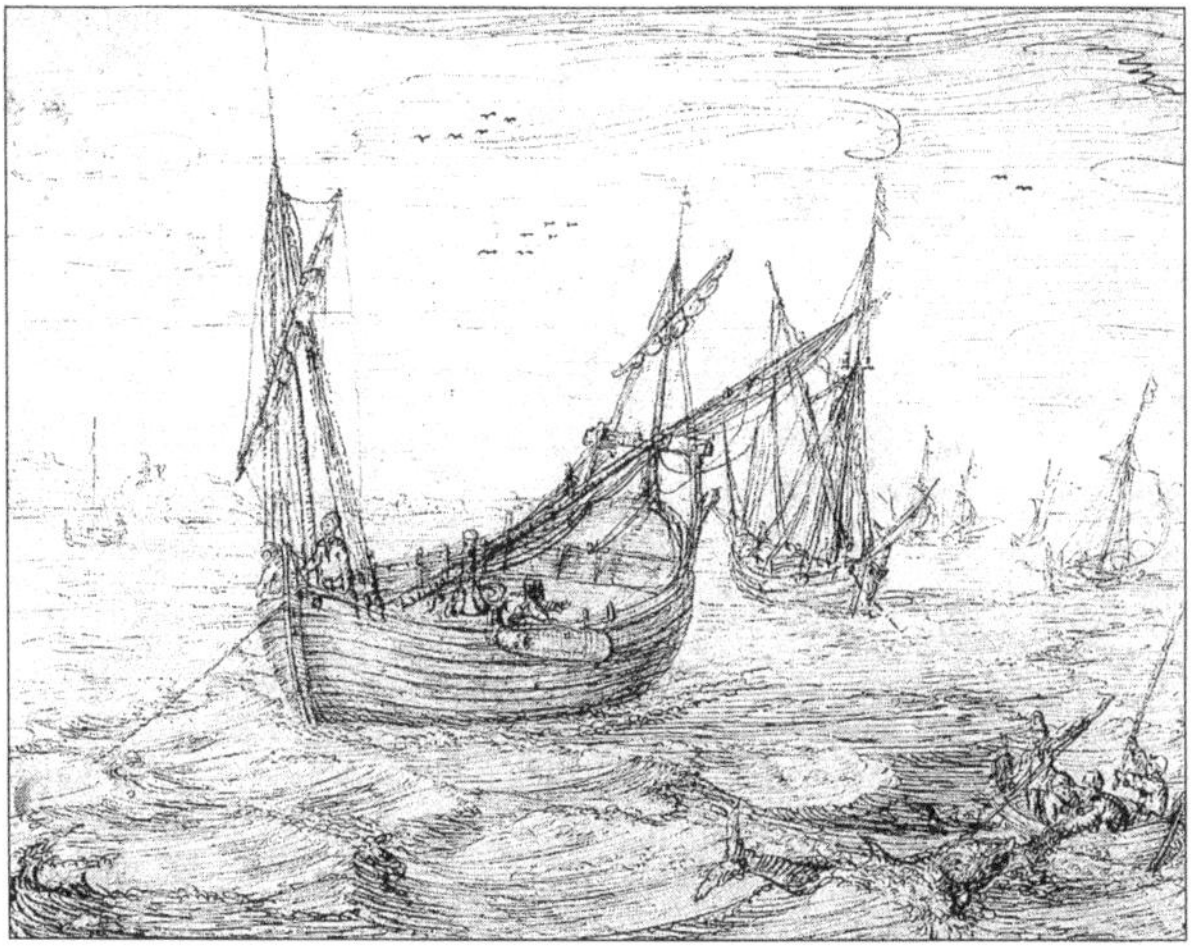

ヘンドリック・コルネーリス・ブルーム『大きな魚をつかまえたニシン漁のバス船』、ロンドン、National Maritime Museum

ンクホイゼンの港町だった。また同じ時期に大型の流し網も製作されている。船員は十四名から十五名、船上でニシンを塩漬けするために、そのなかには熟練の塩漬け職人と桶職人が含まれていた。船員たちはニシンが大量にかかった流し網をデッキの上に引き上げると、その場で腸を抜いて樽詰めするわけで、その意味では夏の暑い盛りにニシンをいったん浜に揚げ、そのあと保存加工を行ったハンザの塩漬けニシンより鮮度が高かっただろう。

ニシン漁はオランダにとってほとんど国家事業で、「大漁業」の開始日も漁師たちのあいだの習慣ではなく、政府が定めた規約だった。カティングによれば、一四二四年にはニシン漁のための規約がバイエルン公であり、ホラント伯だったヨハン三世によって定められたそうだが、体系だった規約は、ウィレム・ブーケルスの墓を詣でたとの言い伝えのある神聖ローマ帝国カール五世の宣した法令に基づいて開始されたものだった。一五八一年、オランダはスペイン国王フェリペ二世の統治権を否認すると、翌一五八二年には共和国政府がそうした規約を統合し、一六二〇年には漁業協会《カリッジ・オヴ・フィッシャリーズ》にこうした規約の作成の全権を与えたのだ。漁業協会には争議の調停の権限も与えられ、毎年漁期の始めにデルフトで会議を開いて漁に関する様々な問題を話し合った。

そうした規則のなかには、品質の異なるニシンの分類や樽詰めのさいの規則正しいニシンの並べ方といった、すでにハンザの時代からあるものもあったが、その他塩の種類や塩の割合、流し網の目の大きさ、古い樽の使用の禁止、樽を作る板の枚数やサイズまで定められていた。たとえば樽の底板に使っていい板は三枚までだった。また獲れたニシンを海上で売りさばいたり、海外の市場に直接売りに行くことも禁じられていた。すべてのニシンはオランダに送られ、そこで新たに詰めなおされたのち、樽に焼印が押された。腐りやすいニシンからもちのいい保存食を生産するには、ここまで徹底した品質管理が必要だった。オランダは塩漬けニシンという商品を効率的に製造するための規格化に成功したのだ。イングランドが塩漬けニシンを同程度の品質管理のもとで生産できるようになるには、さらに百年近くの月日が必要だった。

アムステルダムはもともとはゾイデル海の一番奥に、十三世紀あたりに建設された小さな漁村だった。当時ゾイデル海は湖だったのだが、一二八七年十二月十四日、北海から高波が押し寄せて拡大し、しかも北海とつながってしまった。そうなるとこの街は交通の要衝である。海ともつながり、しかもゾイデル海の内奥にあるので、内陸部への交通の便もあった。十四世紀にはハンザとの貿易で発展し、十五世紀にはオランダのニシン漁業の隆盛のおかげでフランス、フランドル、ブリテン島への塩漬けニシンの供給元としてハンザを圧倒し、十五世紀初めにはハンザのおひざ元であるドイツやバルト海沿岸の市場までも獲得していった。

ウォーラーステインは『近代世界システムⅡ』のなかで、オランダを「ヘゲモニー国家」と定義し、「資本主義的「世界経済」の歴史をつうじてヘゲモニー国家となったのは、オランダ、イギリス、アメリカ合衆国の三か国しかない」（川北稔訳、名古屋大学出版会）と説明している。ここでいう「ヘゲモニー」というのは、

特定の中核国家の生産効率がきわめて高くなり、その国の生産物が、おおむね他の中核諸国においても競争力を持ちうるような状態のことであり、その結果、世界市場をもっとも自由な状態にしておくことで、その国家がもっとも大きな利益を享受できるような状態のことと定義されている。

そして一国がヘゲモニーを確立していくパターンは、

農＝工業における生産効率の点で圧倒的に優位に立った結果、世界商業の面で優越することができる。こうなると、世界商業のセンターとしての利益と「目に見えない商品《インヴィジブルズ》」、つまり運輸・通信・保険などを押さえることによって得られる貿易外収益という、互いに関係した二種類の利益がもたらされる。こうした商業上の覇権は、金融部門での支配権をもたらす。

という、「生産から流通、ついで金融へ」の順番を追って、他国に対する優位が成立する。オランダの流通、および金融における優越的な地位の確立については他書に譲るとして、ヘゲモニー状態へと至る最初の階梯、すなわち、「農＝工業における生産効率の点で圧倒的」な優位を確立した分野の一つが、ウォーラーステインも指摘するとおり、ニシン漁だったのである。そのためだろう、十七世紀に入り流通や金融の分野で突出した後でも、アムステルダムは「鰊《にしん》の骨のうえに建つ街」と呼ばれることになる。

イングランドはその様子を対岸からただただ眺めていた。それこそ、本当に「眺めていた」。

彼らが岸から見ることができる範囲で無数のバス船に乗ったオランダ人がニシンを獲って、羨むような富を築きあげていたのだ。当然そのことに対する反発も強かった。一五八六年ごろ、『ブリタニア』のなかでキャムデンは漁港のスカーバラのことで、オランダ人についてこう文句を言っている。「オランダやジーランドの人間が、とても豊かで実りの多いニシン漁を、この海で行っている。昔は古い法令に基づき、ここの城から最初に入漁権を獲得していた。というのも、イングランドはいつでも漁業の許可を与えていたからだ。名誉は保持したものの、怠惰な気性から、利益は他人に譲り渡していた。こう言うのも、われわれの海岸で行われるこの漁のおかげで、オランダ人が手にする利益の巨大なことといったら、ほとんど耳を疑うばかりだからだ」。

また、一六一四年には「紳士トゥビアス」なる人物が『イングランドが富を勝ち取るための方法』で、シェトランド諸島沖から始まる「大漁業」の様子を詳細に紹介したのち、イングランドの不甲斐なさを嘆いている。「そしてたいそう嘆かわしいことに、われわれにはこれほど肥沃な国土があり、能力がありながら職のない者が数多くいるというのに、一夏のあいだ漁をし、ニシンを獲る者のなかに、わが国王の臣民は一人としていないのだ……われわれは日々これらオランダ人に嘲笑されている。自分の利益に無頓着で、漁業に注意を払わないからだ。そして彼らは毎日われわれを可哀想なイングランドの漁師よと馬鹿にしているのだ。海で面と向かって、われわれに声をかけてはこう言うのだ。イングランド人たちよ、おれたちのお古の靴をお前らに履かせて、喜ばせてやるよ」。

この漁業が数値的にはいったいどの程度のものだったのかについては、この時代の論者が挙げた数字をうかつに信じるわけにはいかない。国王や国民を奮起するために、大げさに言っている可能性が高いからだ。そう断ったうえで、カティングが『魚の保存』のなかで私見を示している。漁船数が一五六〇年には千艘、一六一〇年には千五百艘、一六二〇年には二千艘、というものである。しかもこれはすべて百トン近くのバス船だったのだ。一方イングランドはというと、ニシン漁で一番有名なヤーマスですら、一五九七年のニシン漁船は二百五十艘、しかもそれは小型船だった。さらには一六六九年、オランダには「三万人の漁師がおり、ニシン漁に付随する保存加工業や樽、網の製造業も含めれば、四十五万人の雇用があった。これは言い換えれば、オランダの人口のおよそ五分の一に当たる」とカティングは推測している。この現状に対する反感が、十七世紀のイングランドの趨勢に大きな影響を与えるのだが、それは次の章で詳述しよう。

ロフォーテン諸島
アイスランド
ノルウェー海
シェトランド諸島
ベルゲン
オスロ
ルイス島
オークニー諸島
バルト海
アバディーン
シュトラールズンド
北海
リューゲン島
グレイト・ヤーマス
ヨーク
ロウストフト
ダンツィヒ
リューベック
ロストク
ハンブルク
シュチェチン
イーリー
リューネブルク
テムズ川
アムステルダム
ブリストル
ロンドン
デルフト
プリマス
フリシンゲン
ドーチェスター
ダンケルク
ジャージー島
ルーアン
パリ
オルレアン
ラ・ロシェル
ビスケー湾

ヨーロッパ北西部

第四章　海は空気と同じように自由なのか？

1　レッド・ヘリング

シェイクスピアの作品のなかでニシンが馬鹿にされる理由はいろいろあるのだろう。フィッシュ・デイが存在するために生まれた〈肉対魚〉という二項対立が食に関する通念の一つとして定着し、しかも精力の源である肉が男らしさや性欲、陽気さといった陽性のものと結びつけられ、他方で「冷たい」な魚は陰鬱な性格といった陰性のものと結びつけられていたことが、こうした態度の基盤にはあるだろう。しかもレントなどは一般の庶民にしてみれば、ニシンの毎日を意味していた。加えてシェイクスピアの時代には、フィッシュ・デイからは宗教的な意味合いが薄れており、政治的な抑圧とも解釈できたわけだ。ただし人間の嗜好に関しての疑問は簡単に答えが出せるわけでもないし、また個々の作品の解釈を抜きにして、無理に出すべきものでもない。

しかしそうした前提に立ったうえで、当時のイングランド人のニシンに対するイメージに影響を与えた要因を、もう少し追いかけてみたい。シェイクスピアの時代は、ニシンが持つ国際政治上の重要性がイングランドで着目されるようになり、そしてシェイクスピアの時代以降のイングランドは、ニシンに取りつかれたと言っていいほど、その重要性に国運を左右されたからだ。もちろんニシンの向こう側にいたのは、オランダである。

キャムデンや紳士トウビアスが嘆くのも当然だった。圧倒的な大漁業を展開するオランダ漁船のすぐ脇で、イングランド漁民も細々とニシン漁を続けていたわけだが、オランダの塩漬けニシンが一ラスト二十五ポンドで売れたときに、ヤーマスの塩漬けニシンは一ラスト十ポンドだった。「ラスト」というのは樽に直すと十、もしくは十二、あるいは時として十四樽を意味することもあるが、ニシンの数で言うと、表向きは一万尾、実際には一万二千、場合によっては一万三千二百尾になる。重量で言うと一ラストがおよそ二トンで、当時は船舶の積載量をラストで表すことも多かった。つまり、漁獲高でも圧倒的な差があるわけだが、品質のうえでももはや別の商品といってもいいほどの格差があったのだ。

こうした絶望的な状況のなかで、オランダの塩漬けニシンに対して多少なりとも競争力を保持できたのがヤーマスの「レッド・ヘリング」だった。いわゆる燻製ニシンである。ヤーマスは古くからニシン漁で栄えてきた街だった。前章で述べたとおり、六四七年にはヤーマスの教会が漁師の守護聖人である聖ニコラウスに捧げられている。ヤーマスのニシン漁の起源は四九五年であるとする説も散見するが、この説は、ウェセックス王国を建国したとされるサクソン族のチェルディッチが四九五年にイングランドに上陸したという、『アングロサクソン年代記』の記述に基づいている。この年代記には歴史上の記述に関して様々な矛盾点があり、チェルディッチも半ば伝説上の人物で、その実在性や実在したとしてもその上陸年代において様々な疑問があるのが実情であり、四九五年というのも信頼できる数字ではない。しかし、すでにノルマン・コンクウェストの以前、エドワード告解王（在位一〇四二―六六）の時代からヤーマスはニシン漁で有名で、九月二十九日から十一月十一日にかけて、自由市が開かれていた。そして一二〇八年、ジョン王によって勅許が下され、国外の商人もヤーマスにニシンを買いに来ることができるようになり、次の国王ヘンリー三世の治世にはグレイト・ヤーマスとして知られるようになる。

ニシンの燻製自体はヤーマス独自のものではなく、ハンザでは Bückling, オランダでは bokking と呼ばれる燻製ニシンが作られてはいたが、ヤーマスではニシンの燻製技術の改良が古くから進み、十四世紀の初頭あたりには「レッド・ヘリング」が生産されるようになった。カティングがその製法を『魚の保存』のなかで紹介している。まずニシンを洗い、そして十四日間、塩に漬け込む。その後取り出されて、洗ってから鰓《えら》から串を入れて口まで通し、串一本につき二十五尾のニシンを取り付ける。それを燻製小屋で燻《いぶ》すのだが、この燻製小屋がなかなか壮大だ。広さはおよそ五平方メートルあり、床から屋根まで何本もの柱が立ち、その柱を通して梁が部屋の端から端まで何本も通っている。柱と柱のあいだは一メートル二十センチほど離れていて、ニシンを取りつけた串を二本の柱のあいだに、端を梁に掛けながら屋根まで並べていく。石製の床の十六カ所でオークの薪に火をつけ、二日間燻して一日寝かせ、ふたたび二日間燻してと、同じ工程を十四日間続けるのだ。燻製が終わるころにはニシンは茶色く色づき、「レッド・ヘリング」になるのだが、保存期間を長くするためにさらに長期間燻製した「ブラック・ヘリング」もある。

レッド・ヘリング製造のための燻製小屋　Charles L. Cutting, *Fish Saving* より

オランダの燻製ニシンはあくまで自国内で消費するためのもので、その塩漬けニシンのように、国際貿易の花形というわけではない。大漁業を抱え、保存加工の技術も優れていたオランダが燻製ニシンにおいてヤーマスに後れを取った理由は二つあった。まず漁場が離れていたことだ。ヤーマスと同じような燻製をするには生のまま加工場までニシンを運ばなければならなかった。そして平坦なオランダには、大規模に燻製を作るほどには森はなかった。

シェイクスピアと同時代人で、トマス・ナッシュという人物がいる。塩漬けニシンを食べて死亡した可能性のあるロバート・グリーンの友人で、ケンブリッジ大学セント・ジョンズ・カレッジを卒業した、いわゆる「大学出の才人《ユニヴァシティ・ウィッツ》」と呼ばれる作家たちの一人だった。ナッシュの最後の作品とされているのが『ナッシュのレントの食べ物』で、この作品は、ヤーマスとその名産品であるレッド・ヘリングに対しての讃歌となっている。ニシンを「魚の王」と讃え、曰く「凍える朝《ここ》にはレッド・ヘリングが体にいい」。イングランドに名産品は数あるが、「全キリスト教国で金をかき集めようと思えば、レッド・ヘリングに匹敵するものはない」。イングランドの他の名産品に関して言えば、他の国々にもそれに相当する産物があるが、「われわれが享受して然るべきレッド・ヘリングの誉れに関して言えば、われわれの優位を微動だにさせうる存在は、北極から南極のあいだにあるいかなる地域のなかにも存在しないだろうし、存在しえないし、将来も存在しない。これほどニシンが大量に獲れる岸はこの地をおいて他になく、ニシンを正しく加工できる地域はこの地をおいて他にない。この地だけが干して炙《あぶ》って、焼いて、オランダ人も羨むほど巧みに塩をまぶすことができるのだ」。

ナッシュがこの作品を出版したのは一五九九年で、当時彼は追われる身だった。『犬の島』という、今は失われてしまった作品をベン・ジョンソンらと執筆し、それが扇動的と当局に睨まれたためだ。そして彼はヤーマスに身を寄せていた。そのためこの作品を、自分の身を保護してくれる街への媚として、額面どおりに受け取ることはできないとする向きもある。しかし彼はヤーマスからほど近いロウストフトで生まれている。この街もヤーマスに次ぐレッド・ヘリングの産地だった。ナッシュの作品群を収録した『不運な旅人とその他の作品』を編集したJ・B・スティーンは、序文のなかで言っている。「おそらく彼にとって最後の作品であり、またもっとも徹底的、もっともきっぱりと自分を表に出したこの作品は、基本的には自分の生地であるイースト・アングリアへの讃辞だった」。おそらくスティーンの見解が的を射ているのだろう。ヤーマスをオランダよりも上だと断じた彼の讃辞には、キャムデンや紳士トウビアスの文書と通底する感情を見て取れるのだ。

2　海は誰のものか

海は誰のものか？　この疑問にエリザベス女王ならこう答えた。

海や空気というものは、だれもが共通して使えるものです。海洋の所有権も同じことで、国民であれ私人であれ、それを所有することはできません。というのも、自然、もしくは国際的なしきたりや慣習がその所有を認めないからです。

「領海」という概念は、陸の上での理屈を海にまで延長したものだ。「領海」の概念設定の整理がかなり進んだ現代においてはなおさら、その概念がまだまだ未整理であった当時においてすら、エリザベス女王のそれは急進的なまでに自由主義的だった。オランダの法学者であるフーゴー・グロティウスが『自由海論』を出版するのは一六〇九年だが、エリザベス女王の海洋戦略は、すでにその三十年前にグロティウスの主張と同じ考えに基づいて決定されていた。もちろんエリザベス女王もグロティウスも、自由をどれだけ愛していたかは分からない。ただし当時の国際情勢を考えれば、こうした主張に基づいたほうがイングランド、あるいはオランダの利益を最大化できるという判断があったのは確かだった。

イングランドで初めて世界周航を果たし、アルマダ海戦では副司令官として事実上イングランド艦隊を指揮したフランシス・ドレイク提督は、スペインに対する私掠船《しりやくせん》の船長としての活躍でも有名だが、一五八〇年、スペイン大使がその件でエリザベス女王に不平を申し立ててきた。大使は併せて、イングランドが不当にも新大陸で交易を行っていると抗議した。右記の引用はこの時の発言である。

時はここから百年近く遡ることになるが、スペインの援助を受けたコロンブスが一回目の航海から戻った一四九三年、ポルトガルはすでにバルトロメウ・ディアスが喜望峰に到達していた。この両国の海洋での覇権争いを調整するために、時の教皇アレクサンドル六世のとりなしで、両王国の縄張りを決定する有名な境界線が定められた。北極から南極までを結ぶその境界線は、アゾレス諸島およびカボヴェルデ諸島の西百リーグを走り、すでにキリスト教に帰依した諸国の領域を除いてその西側をスペインの、東側をポルトガルの縄張りと定めた。しかも教皇は、その縄張り内での通商の独占権まで両国に与え、他国がその領域で通商を行おうと思えば、両国からのライセンスを得なければならないとしたのだ。翌年、この境界線の平等性をめぐって議論が起こり、最終的にトルデシアス条約が締結され、その境界線はカボヴェルデ諸島の西三百七十リーグに引き直された。以降、教皇のお墨付きを戴いたこの境界線は、スペイン、ポルトガルという二つの海洋覇権国家の武力によって守られてきたのである。イングランドの新大陸での通商活動を不当とするスペイン大使の言い分はこの条約に基づいており、イングランドにしろ、またスペインからの独立戦争の渦中にあるオランダにしろ、このトルデシアス体制を打破する必要があった。エリザベス女王の発言の趣旨もそこにある。

ただしだからと言ってエリザベス女王は、スペインやポルトガルに対してだけこうした主張をしていたわけではない。一五九九年、デンマーク王自らが率いる艦隊が、当時デンマークに事実上合併されていたノルウェイ北方の漁場へと向かうイングランドの漁船を拿捕《だほ》するという事件が起こった。また同年、同じくデンマークの支配下にあったアイスランドの沖合でもイングランドの漁船がデンマークに追い払われている。第六章でも触れるが、十五世紀初めからイングランドではアイスランド沖でタラの遠洋漁業が盛んになる。以来イングランドの漁民たちとデンマーク王国とのあいだにいざこざが起こるようになるが、一四九〇年ヘンリー七世とデンマーク王とのあいだで条約が結ばれ、イングランドの漁民や交易商がアイスランドでタラ漁や交易を行う場合、七年ごとにそのためのライセンスの更新料を支払うことになった。この条約はヘンリー八世の時代、一五二三年に更新されている。ところがイングランドの漁民がこの更新料をなかなか支払おうとしないため、エリザベス女王の時代になっても何度かデンマーク王からの苦情が届いていた。一五九九年の事件は、この不満が高じた結果の強硬手段だった。

それまではデンマーク王の苦情が届くたびに自国の漁民にライセンスの更新を勧告していたエリザベス女王だったが、イングランド国民の財産をデンマーク国王自らが毀損するというこの暴挙に、ただちにデンマークへ大使を送り込み、どこの海で漁をしようと国際法がそれを認めていると主張させた。ライセンスの更新を行わなくても、「国際法ゆえに」漁業の権利は失われるものではない。もちろんエリザベス女王は同じ新教国であるデンマーク王国と事を構えるつもりはない。国際法により漁業はどこの海域においても認められているが、そのうえで漁業のライセンスの更新を自国民に勧告しているのは、両国の友好関係を重視してのことなので、デンマーク王もライセンスの更新破りを取り締まる場合にはそれなりの節度を持つよう要求したのだ。

スペインとポルトガルの海洋覇権の打破。ドレイク提督らへの私掠行為の奨励やアルマダ海戦も、一部にはこの戦略目標を実現する目的があった。海洋の所有権についてのエリザベス女王の自由主義は、そのための理論的な支柱である。したがってオランダの大船団が目と鼻の先で大漁業を実施して巨万の富を築こうとも、エリザベス女王は二重の意味でそれを認めるしかなかった。一五六八年のプロテスタントの反乱を契機にオランダはスペインからの独立戦争を開始する。イングランドはスペインへの対抗上、一五八四年以降、同じ新教国のオランダの独立戦争を支援していたのだ。

もちろん、エリザベス女王の政権がオランダの大漁業に対してまったくの無策だったというわけではない。第二章で述べたとおり、エリザベス女王の時代には宰相のウィリアム・セシルが政治的なフィッシュ・デイの厳守や保護貿易を中心とした漁業復興策を主導しているが、当然後者の政策は当時イングランドへ大量の海産物を輸出していたオランダの影響力からイングランド漁民を保護するためのものだ。しかしエリザベス女王もウィリアム・セシルも、たとえば艦隊を送ってオランダの大漁業を妨害するだとか、あるいはデンマーク王がイングランド漁民に求めたように、オランダ漁民に漁業のライセンスの購入を求めるだとかいった政策はとらなかった。

あるいはエリザベス女王の海洋に関する自由主義は、オランダに対する国内の反感を抑え込む意味もあったかもしれない。そして反感は当然存在したのだ。キャムデンや紳士トウビアスの登場を待つまでもない。トマス・フルトンは『海洋主権』のなかで、オランダ漁民の横暴を訴える一五七〇年の枢密院への嘆願書を紹介している。その嘆願書はオランダ漁民の悪行からイングランド漁民を保護するために軍艦を派遣するよう請願している。「さもなければ、この王国のいたる場所で、漁業を営むわれらやその他の臣民は完全に破滅してしまうでしょう。というのも、フランドルの漁民たちが今年は沿岸部の住民に損害を与え、また虐待し、そのせいで大変苦しめられているからであります」。また嘆願者は「ニシン漁もその他の漁業も、王国の北岸から完全に消え失せてしまう」という不安を訴えていた。しかしフルトンは、この嘆願に対して特別な対策は取られなかったようだと言っている。

漁民たちの不安、不満に呼応するかのように、一五七〇年代にはニシン漁に関するパンフレットが出版される。その筆者の一人がロバート・ヒッチコックで、もう一人が占星術師として有名で、魔術師との噂もあるジョン・ディーだった。オランダでニシン漁を目の当たりにした経験のあるヒッチコックは同じ手法をイングランドに導入し、ニシン漁のためのバス艦隊を建設して、オランダが手にしている富をイングランドが手に入れようと訴え、エリザベス女王を初めとした有力者に計画書を送っている。その計画書は最終的に、一五八〇年に『君主のための分別ある計画』と題するパンフレットとして出版される。そのパンフレットはバス漁船の水夫の半数を「国中から引っ立ててきた壮健な乞食と貧困者」とし、そうすることで国家への間接的な利益として、国内で増え続ける怠惰な浮浪者を良き臣民へと改良できると主張している。少し乱暴に聞こえるが、こうした主張はヒッチコックに限ったものではなく、経済活動の促進を目的としたものであれ、植民地計画の実現を目的としたものであれ、当時の拡張主義者の主張のなかでは一般的に見られたものだった。

しかし、海洋主権に関してはヒッチコックの考えはエリザベス女王のそれと同じで、オランダに限らずあらゆる国家がイングランド周辺海域で漁業をすることを受け入れている。この点で女王の見解と真っ向から異なるのが、ジョン・ディーが一五七七年に出版した『航海術に関する総体的かつ貴重な記録』である。この出版物はイングランドの海洋主権を主張したものとしては草分けとなるもので、しかもイングランドの「領海」を具体的に示そうと試みている。ディーによればイングランドの「領海」は、対岸とイングランドとの中間までということだ。そしてディーの構想ではオランダ漁民から漁業ライセンスの購入料金を徴収し、それを資金として「王室小艦隊《プティ・ネイヴィ・ロイアル》」を設立、「領海」におけるイングランドの支配権を確立するというものだった。

ヒッチコックの計画であれば、セシルの政策の延長線上にあると言うことも可能だろう。しかしディーに関していえば、エリザベス女王やセシルの海洋戦略とは合致しないうえに、その構想は空理空論に過ぎなかった。まず、新教国としてともにスペインと戦うオランダとの友好関係を維持したまま、どうやって無数にいるオランダ船からライセンス料を徴収するのか。その具体策については『航海術に関する総体的かつ貴重な記録』はまったく提示していない。そしてこれこそが、十七世紀のスチュアート王家が苦心したポイントだったのだ。ヒッチコックとディーの出版物が歴史的な意義を持つのは、それぞれの構想が、次の世紀にスチュアート王家が採用したニシン漁に対する二つの政策の先駆となっているからだ。そしてディーが噂されるとおりの魔術師であり、その占星術に実際に将来を見通すだけの力があったなら、自分の構想がスチュアート王家にどういった運命をもたらすことになるのか、前もって予見できたはずだった。

3 『自由海論』

したがって空気は共有のものだ。というのも、それは占有することもできなければ、無差別な乱用によって消尽することもできないからだ。ゆえに空気は全人類に属するものだ。そして同様に海も全人類に共有される。海は明らかに無尽のもので、ゆえに所有されることは不可能である。航行のためであれ漁業のためであれ、海は全人類の使用にふさわしい。その内容だけでなく、「空気」と「海」の対比という言葉遣いのレベルにおいてすら前述のエリザベス女王の引用とエコーする右記の引用は、フーゴー・グロティウスの『自由海論』の一節である。エリザベス女王の引用がスペインに対しての言葉であれば、グロティウスのそれはポルトガルを狙ってのものだった。

十六世紀の終わりオランダ商人たちは、東アジアとの交易の確立に向けて動きはじめる。喜望峰回りの航路はポルトガルに押さえられているため、はじめはユーラシア大陸の北を回ってアジアにいたる「北東航路」の開発も手がけるが、結局はポルトガルと競合する形で喜望峰回りの航路を利用、一六〇二年にオランダ東インド会社を設立する。当然ポルトガルとの確執が高まるわけだが、一六〇三年、ヤコブ・ヴァン・ヘームスケルク提督がシンガポール沖でポルトガル船サンタ・カタリナ号を拿捕するという事件が起こった。そしてその略奪品の扱いをめぐって、東インド会社のなかで不協和音が生じたのである。莫大な価値のある略奪品から利益を得ようと主張する出資者も多数いたが、道徳的な理由からそれを潔《いさぎよ》しとせず、それどころか東インド会社から離脱し、フランス王の庇護のもとまっとうな交易を旨とする会社を設立すると言い出す出資者も現れたのだ。

トルデシアス条約に基づくポルトガルの特権の主張に、力をもって抵抗することの正当性を説くため、グロティウスが『捕獲法論』の執筆を始めたのはこの時期だった。『自由海論』はそのなかの一章である。『捕獲法論』自体はグロティウスの手で出版されることはなかったが、一六〇八年、スペインとの休戦交渉が始まると、スペイン側は西インド、および東インドとの交易から手を引くようオランダに要求した。当時ポルトガルはスペインと同君連合下にあったのだ。フルトンは『海洋主権』のなかで、「おそらく東インド会社の理事たちの要請に応えて、通商と航行の自由について扱った章を切り離し、一六〇九年三月、『自由海論』の題名で出版したのだ」と推測している。このときは匿名の形で出版された。

グロティウスは海洋の自由の根拠を、フランシス・アルフォンソ・デ・カストロやフェルディナンド・ヴァスケスといったその方面の先駆者たちと同様、自然法や国際法に置いた。これはエリザベス女王の場合も同様だった。多民族社会であったローマ帝国で成立したローマ法は万民法であり、この万民法は法源を神、理性とする自然法と見なされてきた。宗教戦争に明け暮れた十六世紀から十七世紀のヨーロッパでは、国家間の紛争や外交関係を規制するルールとして万民法、自然法に基礎を置く国際法の概念が発達していった。グロティウスの『自由海論』はその国際法の発展に大きく寄与した論文で、この論文をはじめ彼の著作の多くは各国の西洋言語をはじめ、ペルシャ語、アラビア語にまで翻訳されている。『自由海論』を執筆した当時、グロティウスはまだ二十歳をわずかにすぎたばかりだった。

『自由海論』を魅力的にしているのは、自由に対する情熱的なまでの希求にあるのだが、「世界市場をもっとも自由な状態にしておくことで、その国家がもっとも大きな利益を享受できるような状態のことと定義されている」（ウォーラーステイン）ヘゲモニー状態へとオランダが移行しつつある時期にこの論文が世に出たことを考えれば、この論文がただの法学者の情熱だけの産物ではないことは明らかだ。ところが、この論文に対する一番激しい反論は、実はポルトガルからではなく、ほかでもない、あのエリザベス女王の跡を継いだジェイムズ一世が治めるスコットランドとイングランドから出されたのである。

4　アサイズ・ヘリングとランド・ケニング

宗教戦争が続いた十六世紀、十七世紀において、旧教国であるか新教国であるかは外交上、あるいは国内政治上、現代人が思う以上に重要な問題だった。イングランドのスペインとの戦争にしろ、オランダのスペインからの独立戦争にしろ、その根底には宗教的な対立があった。したがって新教国のイングランドが新教国のオランダの独立戦争に加担したのは当然であったし、大漁業がオランダにもたらした巨万の富への嫉妬や、オランダ漁民の乱暴狼藉にもかかわらず、イングランド漁業の復興を目指したエリザベス女王やウィリアム・セシルがその復興策においてオランダを刺激しなかったのも、やはりまた不思議なことではない。ところがジェイムズ一世がイングランド王位を継承してからは事情が変わりはじめる。

ジェイムズ一世はイングランド王位を継承する以前、オランダ漁民に対するスコットランド漁民の不平をすでに経験していた。一五九四年、ブリテン島の西側にあるルイス島近海でオランダ漁民がニシン漁を始めた。ライセンスを取得したうえで、岸から二十八マイル以上離れた海域での漁業が認められていたのだが、オランダは漁業基地として利用するために、ルイス島に近接するピーターズヘッドという小島の売却を要請、ジェイムズ六世（ジェイムズ一世はスコットランド国王としてはジェイムズ六世だった）はこれを拒絶した。以降、オランダ漁民はライセンスで定められた二十八マイルの境界を越えて地元漁民の漁場を荒らしはじめたのである。事態をさらに複雑にしたのが、「アサイズ・ヘリング」の存在である。これは漁民に課せられた十分の一税の一種で、スコットランド漁民にはこれが課せられていたのに海外の漁民にはそれがなかった。

加えてジェイムズ一世がイングランド王位につくと、ロンドンの商人から漁業協会の設立の提案が出された。「漁業商人協会《ソサイアティ・オヴ・フィッシング・マーチャンツ》」を名乗る彼らの提案はヒッチコックの提言と似てはいたが、計画のための資金の調達には海外の漁民への税金を充てるという点においては、ジョン・ディーのアイディアにも一部共通するものがあった。そして上納金として相当額を毎年国王に納めるというのである。したがって新王は元来からオランダ漁民にいい感情を持っていなかった可能性があり、しかもスコットランド国民にはアサイズ・ヘリングを課しておきながら、イングランド漁民にはそれがなく、オランダ漁民をはじめとした海外の漁民はまったく自由にイングランド、スコットランドの沿岸でニシンを獲りまくっていたのだ。そこに漁業商人協会が、この不公平を是正し、その上歳入の増加を約束してくれる案を持ってきたのである。

さらにエリザベス女王の時代とは大きく異なる状況の変化が二つあった。エリザベス女王の時代よりもオランダ漁民への苦情がイングランド、スコットランドの双方において頻発しはじめたのだ。「オランダ人たちは彼ら（スコットランド漁民）の口から魚を釣っている」と、一六〇九年のスコットランドの公文書にはある。これはオランダの大漁業の規模がいよいよ巨大化しつつあることを示していた。いくらオランダが重要な同盟国であろうと、仮にエリザベス女王の時代であったとしてもこの状況には何らかの対応を示さなければならなかっただろう。加えて、ジェイムズ一世は王位についてから即座にスペインとの講和交渉に入り、一六〇四年にロンドン条約を締結する。この条約で、スペインはイングランドのプロテスタントの国王を承認し、イングランドはオランダ独立戦争への加担をやめ、スペインへの私掠行為を中止することになった。もちろんスペインは頑強な旧教国であり、その王位を保持するハプスブルク家は同時に神聖ローマ帝国をはじめヨーロッパ大陸の各所に領地を有する巨大勢力でもある。王位の正当性を認めてもらったからといって、将来の保証を考えればオランダとの関係をただちに清算できるわけではない。しかしエリザベス女王の時代よりも強硬な態度をとることが可能となったのは確かだった。

ジェイムズ一世は一六〇九年五月、同年八月より、漁業のライセンスを取得しない限り、「国籍や身分がたとえいかなる者であれ、わが国で生まれた臣民でなければ、わが国の沿岸および海域で漁業を営むことを」認めないと布告を出した。驚いたのはオランダだった。第三章で説明したが、オランダの大漁業は六月の終わりから七月の初めにかけて始まる。ロンドンに駐在していたオランダ大使は即座にジェイムズ一世に謁見を申し出た。ところがその席上で国王は、オランダの大漁業に大きな影響が生じないわけがない布告をこのタイミングで出しておきながら、大使に布告の施行を一年間猶予したのだ。ジェイムズ一世のオランダとの交渉は、この年から一六二四年まで延々と続くことになる。交渉が長引いた理由の一端を、このときのジェイムズ一世の人の好さに見てとることができるかもしれない。オランダ側は以降、ジェイムズ一世の人の好さに徹底的につけ込んで、一国の国王に対しては無礼千万とも思えるほど、ジェイムズ一世の要求をのらりくらりとかわしつづけ、重要な決定をとにかく先送りにする戦略にでたのである。

オランダがスペインとの十二年間の休戦協定を結んだのも一六〇九年、そしてグロティウスが例の『自由海論』を出版したのも一六〇九年、いずれもジェイムズ一世の布告のまえの三月のことである。もちろん『自由海論』はポルトガルを狙ってのものなのだが、ジェイムズ一世をはじめイングランドの廷臣たちはこの論文をイングランドに対してのものだと受け取った。それも無理がない点はある。オランダ側はイングランドとの交渉においても、終始国際法に基づく海洋の自由を主張したうえに、『自由海論』それ自体に、漁業の自由についてこう書かれていたのだ。「もし大海を存分に使用するため、自分のためだけにその統治権と主権を主張する者がいたとしたら、その人物は法外な支配力を獲得しようと目論んでいると見なされるだろう。もし他者の漁業を妨げようとする者がいたとしたら、その者は狂気の貪欲という汚名を免れることはできない」。これではあたかも、漁業のライセンスをオランダ漁民に取得させようと目論むイングランドのほうがポルトガルよりも愚かしいと言わんばかりである。ジェイムズ一世も『自由海論』やオランダ側の説く海洋の自由に対する訴えに苛立っていたのだろう。一六一八年の交渉の席では、ニシン漁業に関しての全権をオランダ側の使節が本国から与えられていないと知ると、人のいい彼にしては珍しく激昂し、ハーグに駐在するイングランド大使に強硬な声明文を送りつけた。「国王は国際法について、彼らやグロティウスから教わるつもりはない」。「自由の海洋《マーレ・リベルム》をもって、目の前の世界全体を手にする必要を感じている者は、陸地《テラム・エト・ソルム》も、自由な国家《レンプブリカム・リベラム》も失ってしまうだろう」。つまり、ちょうどエリザベス女王の時代のデンマークとの紛争の場合と、イングランドの立場が入れ替わってしまったのである。今回はイングランドがデンマークであり、オランダがイングランドだった。

交渉は大きく前半部と後半部に分けることができる。前半部はオランダ漁民からアサイズ・ヘリングを徴収するための交渉だった。ジェイムズ一世が一年の猶予を与えた年の翌年、オランダ側は使節団をイングランドに送り込んだが、当然、議論は平行線をたどった。オランダ側も莫大な数の国民がニシン漁で生計を立てているのだ。今まで認められていた権利を易々《やすやす》と譲るわけにはいかない。結局交渉は物別れに終わってしまった。こうなるとイングランド側も強硬手段に出るしかない。ジェイムズ一世は一六一六年にアサイズ・ヘリングをオランダ漁民から徴収するために艦船を送った。驚いたことにオランダの漁民たちは、オランダの役人が止めに入るまで、この徴収に応じたのだ。この成功に気を良くしたジェイムズ一世は、オランダ側からの抗議を無視して、翌年にもアサイズ・ヘリングの徴収を試みるが、今度はイングランド側の役人がオランダに逮捕されてしまった。この役人は後日釈放されて、両国の外交関係がこじれることはなかったが、アサイズ・ヘリングをオランダ漁民から徴収するという交渉の当初の目的は頓挫してしまった。当たり前である。強制的に税金を徴収しようと思えば、それを可能にする軍事力が必要だった。そもそもその海軍力は、エリザベス女王の時代と比較すると、戦争のない平和なジェイムズ一世の時代には艦船数が低下しているのだ。そしてアサイズ・ヘリングの夢が消えたために、それを前提とした漁業商人協会のニシン漁の計画も頓挫し、やがては協会自体が消滅してしまった。

しかしジェイムズ一世には統治者として決して譲るわけにはいかない問題が残っていた。オランダとの交渉が続くあいだにも噴出しつづけたオランダ漁民の横暴への臣民の不平である。この問題を解決するために、ジェイムズ一世はスコットランドの慣習として古くから存在する「ランド・ケニング」という概念を交渉の議題に乗せた。これは地元の漁師の縄張りのようなもので、浜から「漁船のマストの天辺から岸が見えない」地点までが「ランド・ケニング」とされ、よそ者はその外で漁をすることになっていた。距離にしておよそ十四マイルだと、少なくともイングランド側は主張している。ジェイムズ一世はオランダ漁民が引き起こす暴力事件を解決するために、ランド・ケニングの遵守をオランダ側に要求した。ところがオランダ側は、オランダ漁民の暴力事件の取締りと罰則は厳しくしたものの、ランド・ケニングについては取り合おうとはせず、一六一八年、イングランドに送った使節団にニシン漁についてだけは交渉の全権を与えなかった。ジェイムズ一世が激怒したのはこの時である。ところがジェイムズ一世の激怒にもかかわらず、その後協議のための使節団を送れというイングランド側の要求を無視しつづけ、ようやく一六二一年一月に送った使節団にも、それどころか同年十一月に送った使節団にも、ニシン漁に関する交渉の全権を与えなかったのである。

これは当時の国際情勢を考えればたいへん強気な交渉術である。まず一六一八年、ボヘミアでの新教徒の反乱がきっかけで、最後の宗教戦争といわれる三十年戦争が始まる。翌一六一九年、新教派の諸侯に推挙されてプファルツ選帝侯フリードリヒ五世がボヘミア国王に迎えられるが、これがジェイムズ一世の娘エリザベスの婿だった。さらに翌一六二〇年、スペイン軍がフリードリヒ五世を追って、ボヘミア、プファルツを陥落させる。プファルツを押さえたことで、スペイン軍は陸路でのオランダへの進軍が可能となったのである。そしてその翌年、つまりオランダが二度もイングランドに使節を送った一六二一年は、スペインとオランダの休戦協定が終了する年だった。

フルトンは『海洋主権』のなかで、オランダ側の交渉術をこう評価している。彼らは、「ジェイムズ一世の性格と問題点を知っており、平和を作り出す国王《レクス・パシフィクス》として周知されることが最大の願望である国王が勇ましい威嚇《いかく》を発したところで、武力に訴えるまでの状況にまでは至りそうにもないと考えていた」。しかしさすがにイングランド国内の反オランダ感情も悪化しており、そうした報告を使節団から受けたオランダは、ようやく一六二三年、十四マイルとまではいかないまでも、スコットランドの海岸にあまり近づきすぎないよう、自国の漁民たちに布告を出した。そして両国は翌一六二四年に、スペインに対しての軍事同盟を締結する。つまりオランダは、最小限の譲歩をしただけで、必要なものはすべて保持しつづけたわけだ。

5　海洋主権

チャールズ一世は父親のジェイムズ一世よりもずっと気が強かった。そしてずっと行動力があったのは確かだ。王位を継承してしばらくすると、父親が理論として追いかけただけの理想を実現するために具体的な行動に出た。ヒッチコックが提唱した漁業協会と、ディーが提唱した海軍力の増強と同様の政策を実行しようとしたのである。しかしこの二つを、ウィリアム・セシルやエリザベス女王のように現実主義的な政治家として実現していこうとしたのかという疑問が残る。父親の説いた王権神授説に拘《こだわ》りすぎて一六二九年にイングランド議会を閉鎖してしまったチャールズ一世は、父親が実現できなかった海洋主権を実現しようと漁業協会の設立と海軍力の増強に乗り出すが、その海洋主権に拘りすぎて破滅へと向かってしまった。国王としての権利意識が人一倍強く、それに踊らされたと言えるかもしれない。

とはいえ、漁業協会の設立や海軍の増強自体は決して愚かしい政策というわけではない。チャールズ一世が王位についた一六二五年当時、オランダはその経済的な繁栄に見合うだけの海軍力を着々と身に着けつつあった。一方、フランスもリシュリュー枢機卿の政策により、急速に海軍力を増強し、一六三一年までには三十九隻という艦隊を保持していた。そしてフランスは旧教陣営にもかかわらず、三十年戦争ではハプスブルク家を抑え込むためにオランダと同盟を組んでいたのだ。ところがイングランドはというと、チャールズ一世が王位についた当初は王室の船舶数は三十隻でしかなかった。

また、オランダ独立戦争でスペイン領に留まった南部フランドルにあるダンケルクは、十六世紀の終わりから海賊の拠点と化し、主としてオランダ大漁業のバス艦隊を餌食として暴れまわっていたが、イギリス船も襲撃の対象となった。スペインとオランダの休戦期間が終了してから、ダンケルクの海賊とオランダ海軍の抗争は激しさを増し、その影響はイングランドの沿岸部にまで及ぶようになっていた。フルトンによれば、オランダ海軍に追われたダンケルクの海賊がイングランドの港湾等に逃げ込み、それを追ってオランダ海軍兵が許可もなく上陸するという有様だった。当時北海では、ダンケルクの私掠船四十隻が活動していたと言われ、イングランドの漁港は出航それ自体を見合わせることもあった。こうした状況を考えれば、海軍力の増強や海軍力を下支えする漁業振興策は、まさしく必須の政策だっただろう。

ニシンの群れは六月終わりにシェトランド諸島沖から、ブリテン島の西と東に分かれて南下する。オランダの大漁業はその東側の群れを追いかけるものだが、チャールズ一世の計画ではまずは西側の群れをターゲットにすることにした。そしてそのための漁業基地として、ブリテン島の西側にある前述のルイス島を選択した。出資者を集め、その集団にチャールズ一世が勅許を与えて勅許会社を設立、その勅許会社を国王の直属としてルイス島の統治をまかせることにした。さらにチャールズ一世はこの事業にイングランド、スコットランド、アイルランド全土の漁港が加わることを希望した。『十七世紀の王室漁業会社』を執筆したジョン・ローソン・エルダーによれば、一六三〇年六月、スコットランドの枢密院宛に送った指示書のなかで、チャールズ一世は計画の全貌とこの計画から上る収益の見積もりを記している。今ある漁船団に加え、積載量三十トンから四十トンの漁船を新たに二百艘用意し、一年に三回出漁させる。それで生まれる各年の利益は十六万五千四百十四ポンドになる。そして事業を統括する勅許会社以外に、すべての「主要都市、町、あるいは自治都市」に会社が置かれ、それぞれの地域の投資家が「船舶を送り出し、利益に与るために管理や貢献に」参画するよう要請した。

計画としては壮大だし、最初からオランダの大漁業と競争するのではなく、ニシンのもう一つの群れを狙ってルイス島に本拠地を置くという案は悪くはない。しかしこの計画を実現するにあたって最大の難関だったのがスコットランド人の反対であり、イングランドで成長したチャールズ一世にはスコットランド人の感情が理解できていなかったようだ。スコットランド人にしてみれば、オランダ人と同様イングランド人も外国人に過ぎなかった。一六二三年、ジェイムズ一世とオランダの交渉が終盤を迎えたときにスコットランド漁民から「よそ者《ストレインジャーズ》」の侵入への不満がふたたび上訴された。しかし、この「よそ者」という言葉が現していたのは「イングランド人とフランドル人（オランダ人）」のことだった。チャールズ一世の漁業協会はイングランド人だけでなく、スコットランド人、アイルランド人に等しくチャンスを与え、勅許会社の経営にあたる理事の半数はスコットランド人を任命する予定だったが、それでも彼らにしてみれば勅許会社自体が「よそ者」だった。彼らはチャールズ一世にランド・ケニングの遵守を強く要請したのである。計画を発表してからチャールズ一世はスコットランド国民を説得しつづけるが、不満の解消には至らないまま一六三二年、「漁業協会《アソウシエイション・フオ・ザ・フイツシング》」の設立を宣言する。

エルダーによれば、設立当初はイングランドがバス船を二百隻、スコットランドが四十隻用意することになったが、協会の船団がその規模になることはなかった。投資家からかき集めた資金は一万千七百五十ポンド、八十トンのバス船一隻を建造し、装備一式を設えるには八百三十五ポンドかかるとされていたので、協会最初の漁は数隻のバス船で行われた。結果を先に言ってしまえば、一年目も、そして二年目も漁業は失敗だった。フルトンの記すところによれば、一年目、協会が製造した塩漬けニシンは三百八十六ラスト（約七百七十トン）に過ぎず、しかも買いたたかれたために四千二百六十一ポンドの損失が出た。二年目は四百四十三ラスト（約八百八十トン）製造したが、ダンツィヒやダンケルクに送られ、やはり買いたたかれて、八千百六十三ポンド十九シリング四ペンスの損失を出している。ニシンを獲りさえすればいい、というものではない。オランダに対抗しようと思えば塩漬け工程まで含めてオランダ式を導入しなければならなかったが、イングランドにはその技術はなかった。

しかし失敗の理由はそれ以前にあった。まずは地形も考えずバス船に拘ったことだ。オランダの大漁業がブリテン島の東側の群れを追いかけたのは、大型船で漁をするにはそのほうが効率的だったからだ。西側は地形が入り組み、逆に小型船のほうが効率がいい。そして協会の人間はルイス島近辺の漁場をよく理解していなかったのに、地元のスコットランド漁民は徹底して非協力的だった。さらに厳しい問題が、ダンケルクの海賊たちだった。協会が設立されたその年から、協会のバス船が海賊たちの餌食にされていたのだ。

利益が出ない以上、協会の資金は出資者の投資にかかっていた。しかし利益が出ない、その上海賊に狙われるでは、国王がどれほど協会を優遇しても資金が集まらなかった。実際チャールズ一世は、たとえばレントおよびフィッシュ・デイの強制だとか、運営資金を賄うための富くじの設置だとか、外国人による魚類の輸入を禁じるだとか、海軍の備蓄食料は協会から優先的に購入するだとか、協会のために様々な優遇策を施していた。しかし結局は海洋主権が問題なのである。チャールズ一世は漁民のために近海に平和を確立することができるのか、それが何よりも重要だった。

海軍力の増強は、漁業協会だけでなく王国全土にとっても重要な懸案だった。しかしそのことに加え、チャールズ一世の外交政策につねに影響を与えた問題があった。姉であるエリザベスの存在である。前述したとおり、エリザベスはプファルツ選帝侯フリードリヒ五世に嫁いでいたが、スペイン軍に追われてオランダに亡命、夫のフリードリヒ五世は一六三二年に客死したが、エリザベスとその子供たちはハーグに留まっていた。チャールズ一世は甥のために父親が喪失したプファルツを回復してやりたいと考えていた。チャールズ一世の海洋主権の確立に向けた野心は、この一族への情というきわめて個人的な感情とつねに絡むことになる。一六三三年の終わりからチャールズ一世はスペインとの協議に入る。ただしこれは密約の協議だった。スペインは同じハプスブルク家の神聖ローマ帝国皇帝にチャールズ一世の甥の地位の回復を働きかける代わりに、イングランドはスペインのためにオランダ討伐のための艦隊を用意する。甥の将来を安泰させ、オランダを打倒して海洋主権を確立できるのであれば、チャールズ一世にとってはまさに一石二鳥の策で、宗教の問題などどうでもよかったようだ。

しかし議会を閉鎖してしまったチャールズ一世には、順当な手段で国民を説得し、そのための資金を確保する道がなかった。そこでチャールズ一世がとった手段が、後のピューリタン革命勃発の原因の一つとなる、いわゆる船舶税《シップ・マニー》である。プランタジネット朝の時代には、戦時中、沿岸部の都市や地域から軍船として使う船舶を徴用したり、あるいは代わりにそのための金銭を徴収する権利が国王にはあった。一六三四年、チャールズ一世はこの古いしきたりを引っ張り出し、議会の承認を得ずに海軍を増強する資金に充てた。ただし古い時代においてすらあくまで「戦時中」という条件があったのだが、ダンケルクの海賊の活発な活動の鎮圧を表向きの理由にしてその条件を無視、さらには翌年からは沿岸部だけでなく内陸部の都市や地域にまで課税し、一六四〇年に廃止されるまで船舶税を徴収しつづけたのだ。

ただしスペインとの関係はあくまで密約であるため、こちらからオランダに宣戦布告をするわけにはいかなかった。まずはオランダを挑発して、オランダとイングランドとのあいだの敵対感情を煽る必要があった。チャールズ一世はジョン・セルデンに命じて、一六三五年、『閉鎖海論』を出版させる。これはオランダの海洋政策の理論的支柱であるグロティウスの『自由海論』に反駁し、ブリテン島を取り囲む海域の主権がイングランド王にあることを、古い記録を掘り起こして丹念に論じたものだ。この論文は一六一八年、オランダとの交渉の渦中にあったジェイムズ一世に献呈されたものだが、デンマーク王を刺激する内容があったため、出版を差し止められていた。この論文を出版する政治的な意味合いはイングランド人にとってもオランダ人にとっても明らかだった。チャールズ一世はあの論争をふたたび始めるつもりなのだ、しかも今回は、堂々たる海軍力をもって。

一六三六年、イングランド史上最強とされる艦隊が編成された。提督として指揮を任されたのはノーサンバーランド伯爵で、若くはあるが有能で熟練の指揮官だった。彼の日誌に従えば、船舶数は二十七隻である。チャールズ一世はイングランド、およびスコットランドの海域で外国籍の漁船がライセンスなしで漁をすることを禁じる布告を発し、同年六月にはノーサンバーランド伯爵に艦隊を北上させるよう指令を出した。ライセンスの料金は、「ライセンスを受け取った船舶一トンあたりにつき十二ペンス」である。ノーサンバーランド艦隊は十月九日まで航行し、彼の日誌によればその間、九百九十九ポンドの護送料と、「オランダ漁民からの受領料金」を五百一ポンド十五シリング二ペンス受け取った。

ニシン漁問題に関するかぎり、この年がおそらくチャールズ一世の絶頂期だった。この年の一月には海軍の象徴とするため、全長百二十七フィート、積載量千八百二十三トンの巨大戦艦の建造を始める。この戦艦に対する国王の熱の入れようは相当なもので、真鍮製の大砲百二門それぞれに刻むために紋章とモットーを選別し、さらにはラテン語で「チャールズはエドガーの支配を海洋に打ち立てた」という碑文を刻み込んだ。そして艦首から突き出たビークヘッドには、七王を踏み敷いたエドガー王の彫像が鎮座していた。艦名はその名も「海洋主権《ソヴァリンティ・オヴ・ザ・シーズ》」である。

しかしこの絶頂は長くは続かなかった。スペインを通して神聖ローマ帝国皇帝に対して働きかけていた、エリザベスの息子の失地回復のための交渉が失敗したのである。この時点からチャールズ一世の外交方針は、海洋主権をとるか、甥への親族の情をとるかで乱れはじめる。まずはオランダ、フランスと同盟を組み、その力をもって失地の回復を目指す方針を模索した。オランダ、フランス側もそれを望み、ハーグにいるエリザベスからも海洋主権の確立は時期を待つよう嘆願が来ていた。

一六三七年、このような状況においてはライセンス料の徴収などからは一切手を引くべきなのだが、フランスとの同盟交渉を続けながら、海洋主権の夢を捨てきれないチャールズ一世は姑息《こそく》な手段を思いつく。スペインとふたたび密約を結び、イングランドのライセンスを取得すればスペイン当局発行の通行証を取得できるよう手配、この通行証を提示すればダンケルクの海賊の襲撃を免れることができるという仕組みを作りあげようとしたのだ。しかしこの交渉も失敗する。しかしそれでもチャールズ一世は未練がましく、ノーサンバーランド伯に、軍艦にではなく商船に、オランダ漁民のバス艦隊までライセンスを売りに行かせるよう命令を出す。もちろん金を払う者などいなかった。国王の中途半端な指令に嫌気がさして、ノーサンバーランド伯は次の艦隊編成では病気を理由に提督就任を辞退している。

漁業協会も惨憺《さんたん》たる有様だった。チャールズ一世の絶頂期である一六三六年においてすら、出資の署名者が提示した出資金の合計は二万二千六百八十二ポンド十シリングあったというのに、実際に出資された金額は九千九百十四ポンド十シリングだけだった。そして署名をしておきながら出資しない者たちは、星室裁判所に召還されたり、逮捕令状を出されたり、投獄すると脅《おど》されたりして、無理やり出資金をむしり取られたのだ。一方、協会の借金を融資した者は金を返すよう、水夫たちも賃金の未払い分を支払うよう、協会を訴える始末だった。そして漁業のほうもまったく成長が見られなかったようだ。オランダの政治的指導者だったヨハン・デ・ウィットが執筆したとされる『オランダの利益』(一六六二)は、イングランド産の塩漬けニシンの質の悪さをあげつらい、一六三七年と一六三八年、ダンツィヒの市場で拒絶されたと記している。

一六三九年、チャールズ一世の外交方針は、いまだにオランダ、フランスをとるか、スペインをとるかで迷走していた。今となっては甥への情をとるなら前者なのだが、海洋主権への捨てきれぬ夢とオランダへの反発が、スペインのほうへと国王を向けていた。戦雲が近づき、オランダ海軍の強硬姿勢やダンケルクの海賊の活動が一層激しくなり、海域の平穏も確保できない状況で船舶税を徴収しつづける国王に対しての国内の反発も強まっていた。そしてそんなおり、ダウンズの海戦が起こったのである。

スペインがスペイン領フランドルに兵員を輸送するために編成した大艦隊を、九月十八日、オランダ海軍提督のマールテン・トロンプがイギリス海峡で寡兵をもって急襲、スペイン艦隊は兵員の輸送船を守るためにイングランドの停泊地であるダウンズに逃げ込んだ。ジェイムズ一世やチャールズ一世がイングランドの主権を主張してきた「領海」やランド・ケニングと比べれば、この「停泊地」は明らかにイングランドの管轄地であり、しかもそこには、ノーサンバーランド伯に代わってジョン・ペニントン卿が指揮をとるイングランド艦隊が停泊していたのである。

トロンプ提督は本国から援軍を呼び、一月近くダウンズを包囲したが、もはやこうなるとこれは戦場の問題というより外交問題だった。『海洋主権』のフルトンによれば、チャールズ一世はペニントンに両者に戦闘をさせるなどだけ指示を出し、この期《ご》に及んで、スペインとオランダ、フランスのあいだでより有利な条件を引き出そうと画策し、甥の失地回復の協力を約した側に力を貸すと両陣営に打診したのだ。

はたして魔術師であり占星術師であったジョン・ディーは、こうした将来を見通すことができただろうか。十月二十一日、チャールズ一世の虚《むな》しい駆け引きを尻目に、トロンプ提督は総攻撃を開始する。ペニントンはなす術《すべ》もなく見守り、スペイン艦隊は徹底的に壊滅された。ジェイムズ一世、チャールズ一世が親子二代にわたって求めてきた海洋主権が実際には誰の手にあるのか、これ以上ないほど明確に示された瞬間だった。

6　オランダの衰退

ピューリタン革命後、亡命先のオランダから帰国したチャールズ二世は、父親が作った漁業協会を復活させるべく準備を開始し、一六六四年三月、弟のヨーク公（のちのジェイムズ二世）を理事長として、「王室漁業会社《コーポレイション・フオ・ザ・ロイアル・フィッシャリー》」を発足させた。父親の漁業協会以上の特権を与えた組織で、第二章で述べたとおり、サミュエル・ピープスが理事として加わっていたが、この漁業会社に歴史的価値があるとすれば、ピープスがそこに所属していたということだけだろう。彼の同僚の理事たちがあまりに無能で、怠惰すぎたのだ。ピープスの日記からいくつか引用してみよう。

まず発足は一六六四年の三月だというのに、運営を任された理事たちが国王の委任状を読み上げるために理事会を開いたのは七月七日になってからで、理事としてその場にいたピープスは日記のなかで、「この会社は概して、大変な仕事を担うには不適切で、大した成果を上げられないのではないかと不安である」と漏らしている。ピープスの不安はすぐに的中する。九月三日の理事会に出席したのはピープスを含めてわずか四名で、「そのため何も決められなかった。これほど偉大な事業がこれほど悪しざまに扱われているのは、見るに忍びない。というのもこのような有様では、われわれ全員にとっての不名誉となるからだ」。

不名誉な話はこれだけではない。王室漁業会社の運営資金の足しにするために、全国の教会をとおして、一六六四年に募金を募《つの》ったのだが、その結果の調査報告をまとめるよう命じられたピープスは、十月十日の日記のなかで、「金銭がこれほどいい加減であさましいやり方で処理されるのを見ると、一ペニーだって無駄金を払いたくなくなる」と、募金のいい加減な管理状況を嘆いている。漁業会社の会計に入金された募金は千七十六ポンドあったが、募金を担当したペンブルック伯のもとに相当額、伯爵のもとで実際に作業を担当した「キング氏」のもとに四百二十九ポンド、入金されていない募金が残されていたのだ。

組織自体がこうした有様だったうえ、漁業会社が設立された同じ年に、新大陸のオランダ植民地であるニュー・アムステルダム（現在のニューヨーク）をイングランドの植民地軍が占拠、翌一六六五年からは第二次蘭英戦争が勃発する。この戦争は一六六七年に終結するが、一六七二年から一六七四年までは第三次蘭英戦争が戦われる。この一六六四年から一六七四年までの十年間は、戦争が行われていようといまいと、おたがいの海軍がおたがいの漁船を付け狙うので、北海での漁業自体がいちじるしく停滞してしまった。そして一六七四年に戦争が終結したあとには、王室漁業会社は完全に活動を停止してしまっていたのだ。加えて一六八五年にはチャールズ二世が死去、跡を継いだジェイムズ二世は一六八八年に名誉革命で国を追われ、もはやニシン漁どころの騒ぎではなくなってしまった。

この名誉革命の皮肉は、オランダ総督として第三次蘭英戦争を見事に戦い抜いたオラニエ公ウィレム三世とジェイムズ二世の娘でありウィレム三世と結婚していたメアリーを、イングランド議会がイングランドに呼び寄せたことだ。結果無血革命が成功し、ウィレム三世はウィリアム三世として、妻のメアリー二世とイングランド、スコットランド、アイルランドの共同統治者となり、しかもウィレム三世がオランダ総督であったため、オランダとも同君連合に近い関係が成立した(オランダ総督は君主ではないため、正確には同君連合ではない)。実はウィレム三世はあのチャールズ一世の外孫にあたる。蘭英戦争の背景については後述するが、ニシン漁自体とは無関係である。しかし、ジェイムズ一世の時代から続いてきたニシン漁を原因とする両国の反目は、実にあっけない結末を迎えたわけだ。そしてその結果、両国民のあいだに実際には反目があったにせよ、ニシン漁や海洋主権について深刻な問題が持ち上がる素地はほとんどなくなってしまった。今や両国は事実上の同君連合として、膨張政策をとるフランスと大同盟戦争を戦う間柄になったのだ。

ニシン漁に視点を戻してみると、『魚の保存』のカティングによれば、一六七九年の時点でオランダには四千の漁船と二十万人の漁師がいた。エリザベス女王の時代から続くあれほどの漁業振興策にもかかわらず、結局イングランド、スコットランドの漁民や漁業商人は、十七世紀中にオランダの圧倒的な優越を覆《くつがえ》すことはできなかった。しかしこのままオランダの優勢は十八世紀も続くのか、というとそういうわけではない。ふたたびカティングの数字を紹介すると、一七三六年にはニシン漁船は三百隻にまで落ち込み、一七七九年には百六十二隻になっていた。十七世紀にあれほど盛況を誇り、イングランド人のあいだにあれほど嫉妬心を植え付け、その優越を打ち破ろうとした国王の首を切り落とす遠因となったオランダの大漁業は、イングランド人の挑戦とは無関係に、勝手に衰退してしまったのだ。

理由は打ち続く戦争にあった。一六五二年の第一次蘭英戦争が勃発してから、一七一三年、ユトレヒト条約でスペイン継承戦争が終了するまでの六十年間、そのほとんどの期間をオランダはイングランドと、あるいはフランスと、もしくは双方と戦争状態にあった。しかもそれに加えて、ダンケルクの海賊からはつねに付け狙われたのである。さしものオランダも、これでは衰退せざるを得なかった。そう考えると、大漁業の権利を頑として譲らなかったオランダの外交方針ははたして正しかったのかという気にもなる。同じ新教国として融和を図り、イングランドとの同盟関係を強化しておいたほうがよかったのではないか。オランダの富の源泉は東インドにもあったのだ。もちろん、歴史にもしもはないのだが。

そして一七〇五年、「報奨金《バウンティ》」と呼ばれる漁業振興のための助成金の制度がイングランドに設けられた。一七一八年には、輸出される塩漬けニシン一樽につき二シリング八ペンス、レッド・ヘリングには子持ちの場合一樽一シリング九ペンス、ショットン・ヘリングの場合一樽一シリングの報奨金が支払われた。『国富論』（一七七六）を執筆し、自由主義を奉じるアダム・スミスのこの報奨金制度に対する評価は当然低く、「船舶が艤装《ぎそう》する唯一の目的が、魚ではなく報奨金を獲得することであることが、あまりに一般的になってしまった」と苦言を呈しているが、カティングはこの報奨金制度が十八世紀イングランド、スコットランドのニシン漁の成長に効果があったと言っている。一七五五年、七万樽のニシンがヤーマスで保存加工され、そのうち五万二千樽が輸出された。スコットランドでは、報奨金制度のもとでニシン漁に出航したバス船の数は、一七五一年から一七五六年のあいだの三隻から、一七八七年から一七九八年のあいだの二百九十三隻にまで増加している。そのとき保存加工されたニシンの量も、二百六十四樽から五万九千樽へと飛躍的に増大した。スチュアート王朝のニシンの夢は、ハノーヴァ王朝の時代に実現されたのだ。ちなみにハノーヴァ王朝初代国王であるジョージ一世は、チャールズ一世の姉であるエリザベスの孫にあたる。

第五章　『テンペスト』の商品ネットワーク

1　なんと素晴らしい新世界

シェイクスピアの『テンペスト』の舞台となる孤島は不思議な島だ。主人公のプロスペローは弟のアントーニオとナポリ国王アロンゾーの共謀によりミラノ大公位を剝奪され、この孤島に身を隠していた。歳月が流れ、孤島の近くをアロンゾーとアントーニオが乗船した船が通りかかる。アロンゾーが娘を婚姻先のチュニスに送り届け、婚礼をすませてナポリへ帰国する途上にあったのだ。プロスペローはこの機会を逃さず、魔法で嵐を生み出し船を孤島へと引き寄せた。

だとすればこの孤島は地中海のいずこかにある。ところがこの孤島とその先住民であるキャリバンの素描は、新世界のアメリカ、アフリカ、アイルランドなどなど、あたかも大西洋全域からイメージを搔き集めてこね合わせたかのようだ。そうしたイメージのなかでもあからさまにそれと分かるのが新世界のイメージだが、他方で、孤島の先住民であり、支配者プロスペローへの反乱を試みるキャリバンの性格は、むしろ十六世紀からイングランドへの反乱を繰り返してきたアイルランドの先住民であるゲール人に由来するようにも思える。

まず新世界のイメージだが、プロスペローの娘ミランダの「ああ、なんと素晴らしい新世界でしょう」という台詞は有名だろう。もっともこの台詞は、孤島で育ったミランダがまだ見ぬ旧世界を指して言った言葉なのだが。

プロスペローに奴隷として使役されているキャリバンは、表面的にはネイティヴ・アメリカンのイメージが与えられている。トリンキュローはキャリバンとはじめて出くわしたときイングランドに連れて行こうと考えた。イングランド人ときたら、「死んだインディアンを見るためなら」いくらでも金を出すからだ。その直後にステファノーもキャリバンに出くわし、その姿かたちに驚愕する。「野蛮人やインディアンを使って、おれをからかおうっていうのか」。

さらに言えば「キャリバン（Caliban）」という名前は、当時の西インド諸島の住民の呼称であるCaribanとは一字違いになる。また、十六世紀には南米大陸からのネイティヴ・アメリカンの食人行為の報告が西洋世界では嫌悪をもって迎えられた。Calibanという名前は「食人種（cannibal）」という単語のアナグラムにもなっている。後者の場合“n”が一つ多くなるが、シェイクスピアの時代は綴りの規則が現代よりずっと緩く、この違いにはあまり意味はない。

最後にもう一つ。プロスペローは風の精霊エアリアルに「嵐絶えないバミューダ諸島から露を取って」くるよう命じている。「バミューダ諸島」という言葉は、当時の観衆に新世界で起こった有名な海難事故を思い起こさせたはずだ。『テンペスト』が成立したのは一六一一年とされているが、それからほど近い一六〇九年の夏、一六〇七年に建設されたヴァージニア植民地のジェイムズタウンへの第三次補給部隊が組織される。しかしこの艦隊はその途上嵐に襲われ、旗艦のシーヴェンチャー号がバミューダ諸島で座礁してしまう。運よく乗員、乗組員ともに全員無事（『テンペスト』と同じだ）で、一行はそこに九カ月滞在したあと、新たに造った小型船二隻に分乗してジェイムズタウンに辿り着いた。

　この生還劇は本国に報告され、一六一〇年にはヴァージニア議会の声明文やシーヴェンチャー号の乗組員だったシルヴェスター・ジュールディンの体験談を綴ったパンフレットなどを通して広く喧伝された。『テンペスト』の嵐の描写は、こうした刊行物の影響を受けている可能性が高いとされている。

　しかし一六一一年という『テンペスト』の成立時期を考えれば、悪辣なキャリバンの素描の土台がネイティヴ・アメリカン

大西洋と西インド諸島

にあると断定するのは、いささか時期の上で疑問が残る。『テンペスト』の第一幕第二場、ミランダを手籠めにする唯一のチャンスを逃したことを悔しがるキャリバンに、ミランダは嫌悪を露わにする。「身の毛もよだつこの奴隷、美徳の痕跡すら持ち合わせていない。悪事となれば何でもしてのけるくせに。お前のことを哀れに思い、お前が話ができるよう何時間もあれこれと教えてあげた。野蛮人のお前は意味も分からず獣のようにがなりたてるばかりで、私がお前の思いに言葉を与え、人に伝えることができるようにしてやったのに」。

独りよがりなうえに恩着せがましいミランダに向けたキャリバンの嘲りの言葉は、おそらく『テンペスト』のなかでももっとも有名な台詞の一つだろう。

お前は言葉を教えてくれた。おかげで
悪態をつくこともできるようにもなったぜ。

ミランダとキャリバンのこのやりとりは新世界でのイングランドの植民地活動と結びつけて論じられることが多い。しかし『テンペスト』が成立した一六一一年当時、新大陸のヴァージニア植民地は設立されたばかりで、まだ確固とした支配を築いていなかった。一五八五年にウォルター・ローリー卿が現在のノースカロライナ州にロアノーク植民地を建設しているが、こちらは数年で消失している。ポカホンタスとジョン・スミスの逸話で有名なヴァージニア植民地は、ジョン・スミスがイングランドに帰国した一六〇九年から一六一四年まで、確かにネイティヴ・アメリカンとの戦闘状態にあった。しかし言葉を強制し、「教化」によって文明化を試みることができるほど、入植者がネイティヴ・アメリカンを圧倒したことはない。ジョン・スミスが植民地議会の議長だったころ、植民地側とネイティヴ・アメリカンの双方が子弟をお互いの集落に送り出し、それぞれの言語や風習を学習させてはいたが、これはもっと対等な取り決めだった。

当時のイングランド人のネイティヴ・アメリカンへの見解のなかには、むしろ好意的なものもある。ロアノーク植民地を建設する前年、ウォルター・ローリー卿はキャプテン・アーサー・バーロウに命じ、その近辺を探索させている。その際にロアノーク島一帯を支配する部族の歓待を受けた。その時の彼らの様子を、バーロウは「とても優しく、愛情深く、狡猾や背信とは無縁で、黄金時代の風に習って生活する人々」と報告している。「黄金時代」とはギリシア神話でクロノスが神々を支配した時代のことで、この時代は人類社会には争いも犯罪もなく、豊饒な自然が必要な食料をすべて用意してくれるため、労働の必要もなかったとされている。『意味の充満――新世界におけるローリー卿グループ』のシャノン・ミラーは、植民地政策の急先鋒だったローリー卿の庇護下で活動する著作家たちの言説を精査しているが、そこでのネイティヴ・アメリカンの記述も、バーロウの報告とほぼ一致している。

たとえばローリー卿のロアノーク植民地計画で中心的な役割を果たしたトマス・エリオットは、帰国後、『ヴァージニアの新たに発見された地についての、簡略にして真実の報告』を執筆している。この報告書の一五九〇年版にはセオドア・ド・ブライによるロアノーク島のネイティヴ・アメリカンの姿や町、神像を描いた精密な図版が二十一枚掲載されている。興味を引くのはそれらの図版に続けて、ブリテン島にいた古代のピクト人の版画が三枚、「ピクトに隣接する国民」の版画が二枚掲載されていることだ。ド・ブライの言によれば、「大ブリテンの住民がかつてヴァージニアの住民と同様に野蛮であったことを示す」ことが、最後の五点の版画の目的である。

ピクト人にしろ、「ピクトに隣接する国民」にしろ、イギリス人の祖先でもあるわけだが、同時にピクト人はアイルランドのゲール人と関係が深いと当時から考えられてきた。シャノ

ネイティブ・アメリカン、ポメイオック族の老人の冬の衣装（セオドア・ド・ブライによる版画）。後ろにコーン畑が見える。

古代のピクト人の娘の本当の絵（セオドア・ド・ブライによる版画）。全身ペイントを塗り、投げ槍を手にした古代のピクト人の娘。

ン・ミラーはこのことに加えて、版画にあるかつての大ブリテンの住民が所有する武器がいずれも投げ槍であることに着目している。投げ槍は当時においてもゲール人の得意とする武器であるからだ。つまりミラーの解釈では、この五点の版画は当時のネイティヴ・アメリカンという未知の「未開人」をイングランド人が受容する懸け橋として、古代のブリテンだけでなく当時のアイルランドの既知の「未開人」を利用したということだ。

さらに面白いのは、古代のブリテン人（そして当時のゲール人）が「女性」のみならず「娘」までもが武装した好戦的な民族として描かれているのに対し、ヴァージニアのネイティヴ・アメリカンは大酋長を除いては、ほとんどが武器を所持していないことだ。ミラーはこのことにも植民地推進主義者たちの意図を読み取っている。ローリー卿の庇護を受けた植民地推進主義者としては白眉にあたるリチャード・ハクルートがこう言っているのだ。「ヴァージニアの裸で武器を持たない人々が相手であれば、（イングランド人）百名であっても、過日（反乱時）、アイルランドの武装した好戦的な国民に対して千名が実現できたこと以上のことが可能でありましょう」（「ロドニエルへの献辞」）。「黄金時代の風に習って生活する人々」などという詩的な表現こそ出てこないが、要はド・ブライの版画もハクルートの見解も、バーロウの報告と同じことを言っている。

ちなみにリチャード・ハクルートは、一五八四年、ローリー卿にネイティヴ・アメリカンとの反スペイン同盟を提案してすらいる。「これらの野蛮人と協力するもよし、アイルランドの反乱軍にスペインが武器を提供したように、彼らに甲冑を送り与えるもよし、さすればアイルランドでわがほうが苦しめられた以上に、かの地でスペイン国王を苦しめることができましょう」(「西方入植論」)。イングランドのスペインとの敵対関係を考えれば、ネイティヴ・アメリカンとの良好な関係は戦略的にも重要ではないだろうか。すでにゲール人のなかには、スペインと連携する動きもあるのだ。

「十六、十七世紀のアイルランド、ヴァージニアにおける荒野の訓化」のなかでキース・プロイマーズは、「野蛮人」であるゲール人とネイティヴ・アメリカンの存在が、それぞれの地域のイングランド人による景観描写にどう影響を与えたかについて論じている。アイルランドについては、十二世紀のジェラルド・オブ・ウェイルズの『アイルランド地誌』の時代から、ゲール人がアイルランドの美しい景観を汚す存在として強調されてきた。アイルランドの景観の最大の問題は「野蛮で不愛想な住民」であり、「大地の特性に忌むべきところはない。その大地を耕す側に勤勉の精神が欠落しているのだ」。ブロイマーズによれば、ヴァージニアの景観描写にイングランド人のネイティヴ・アメリカンへの悪感情が投影されるのは、一六二二年、パウハタン族がヴァージニア植民地の中心地であるジェイムズタウンに攻め入り、住民の三分の一を虐殺してからになる。

そして『テンペスト』ではバーロウ以来のネイティヴ・アメリカン像が、キャリバンの素描とはまったくの別物として語られている。第二幕第一場、ステファノーらとは別の場所に上陸していたナポリ王アロンゾーは悲嘆に暮れていた。息子を嵐で失ったと思い込んでいたのだ。そんなアロンゾーを元気づけるため、顧問官のゴンザーローは周囲に広がる美しい自然に主君の意識を向けさせようと、孤島の植民地化を提案する。その植民地をゴンザーローは「普通とは正反対のやりかた」で統治する。通商も役人も学問も認めない。「職業はありません。すべての男は怠惰に過ごし、女も同じです。しかし無垢で純粋、王権もありません」。そして「みながともに使うものはすべて自然が生み出します。人が汗をかくことも苦労することもありません。……ただ自然が内なる豊穣、豊かさを差し出して、わが無垢なる民を養うのです。……陛下、それは黄金時代をも凌ぐものです」。

シェイクスピアはこの部分の素描を、ミシェル・ド・モンテーニュの『エセー』（一五八〇）に収録された「食人種について」から得ていると一般にはされている。もちろんその影響はあるだろう。そもそもバーロウの報告も何らかの形でその影響を受けているはずだ。モンテーニュは西洋文明が持つ野蛮性とネイティヴ・アメリカンの純朴さとを比較して、彼らの食人行為を擁護している。しかしこうした見解はイングランドの植民地主義者が採用したものでもあった。そしてゴンザーローは孤島の植民地化について語るなかでこのネイティヴ・アメリカン像を披露している。

はたしてゴンザーローが語るネイティヴ・アメリカン像と支配者への反逆に燃えるキャリバンとは同一の存在だろうか。アイルランドのゲール人に対しては、すでにその一部を紹介しているが、イングランド人は悪意あるイメージを長年ストックしてきた。そしてアイルランド人もイングランドの支配の頸木《くびき》から脱しようと、幾度となく反乱を繰り返してきた。エリザベス女王の時代にはイングランド系ではあるが、デズモンド伯が二度にわたり（一五六九—七三、一五七九—八三）反乱を起こし、女王の晩年にはゲール人領主のティローン伯が九年にわたりイングランドに抗戦した（一五九四—一六〇三）。ジェイムズ一世の時代になっても、一六〇八年、ゲール人領主キャハー・オドハティが反乱を起こしている。

『テンペスト』が成立した年の前年、一六一〇年にバーナビー・リッチが『アイルランドの新しい解説』を出版している。リッチはゲール人についてこう言っている。「アイルランド人は無礼で淫ら、未開にして残虐、底意地が悪く、あらゆる害意を容易に抱く。本来の気質ばかりが原因ではない。反逆や反乱、盗みや窃盗、迷信や偶像崇拝のなかでそのように鍛え上げられてきたのだ」。普段は従順であるミランダが発する驚くほど悪意に満ちたキャリバン評は、むしろこちらのほうと響きあうものがあるのではないだろうか。

2　ヴァージニア海に浮かぶこの有名な島

長年イングランド人のあいだでストックされてきたゲール人像がその人格の土台として利用されているのだとすれば、なぜ同時にキャリバンにネイティヴ・アメリカンのイメージが付与されているのか。その背景には、この時代のアイルランドの特殊性がある。

イングランド王国のアイルランドの征服は十二世紀に始まるが、長らくそれは不完全なものだった。一五四一年にヘンリー八世が「アイルランド王国」の設立を宣言する。しかしこれもあくまで形式上のもので、ゲール人領主のなかには依然としてイングランド王国や、その意向を受けたダブリン政府に反抗的な態度を見せるものが多かった。王権を確かなものにするための政略が必要だったのだ。カール・S・ボティグハイマーの「王国と植民地――西進事業におけるアイルランド」（『西進事業――一四八〇年から一六五〇年にかけてのアイルランド、大西洋、アメリカにおけるイングランドの活動』）によれば、「王国設立後百五十年間、イングランドは前例のない規模で兵力と資金を注ぎ込み」、「王国を実現する手段として、現地の組織を根こそぎにし、外来（イングランド）のエリートを入植させる方策を採用した」。つまり名目上の王国に内実を与える手段として、植民地政策を推進したのだ。先に紹介したアイルランド人の反乱も、この政策に対する反発である。そしてウォルター・ローリー卿も、その庇護を受けているトマス・ハリオットや詩人のエドマンド・スペンサーらの植民地主義者たちも、アイルランドで入植地を経営していた。

王国設立以前からイングランドがアイルランドの征服を正当化する口実として利用してきたのが、「野蛮人」であるゲール人の「教化」である。ゲール人のあいだでは移牧が行われていた。夏季と冬季で放牧地と住居地を変える牧畜形態だが、イングランド人には移牧と遊牧の区別がつかず、それをゲール人の蛮性の証としたのだ。エドマンド・スペンサーなどは『妖精の女王』のなかで、また一五九六年に脱稿した『アイルランドの現状管見』においても、ゲール人の祖先を遊牧民の「スキタイ人」だと主張している。是非ともこの野蛮人どもに文明を叩き込み、「教化」しなければならない。「野蛮人の教化」という口実はアイルランドの植民地政策においても盛んに喧伝されたのである。

こうしたアイルランド国内の状況の変化と並行して、アイルランドの国際政治上の地政学的な意味合いが大きく変動していく。背景にあるのは新大陸北米部での経済活動の活発化である。具体的にはニューファンドランドのタラ漁と北米全域でのビーバーの毛皮取引が大きな利益を生み出すようになったのだ。ハクルートはアイルランドを北米大陸に「ヨーロッパで一番近い地域」(「西方入植論」)と言っている。偏西風の影響で、北米に向かう場合、ニューファンドランドと同緯度にあるブリテン島をさらに北上し、その後進路を西に向け、ニューファンドランドを経由してから北米沿岸へと南下する。ニューファンドランドでタラ漁をする場合、アイルランドはその経由地になる。アイルランドは西洋世界の西の果てから、北大西洋の通商ネットワークにおける要衝へと変化したのだ。

「西方入植論」においてハクルートがネイティヴ・アメリカンとの反スペイン同盟を提案したことについては前述した。その際にスペインのアイルランド反乱軍（おそらくはデズモンド伯の反乱）への武器供与を彼は引き合いに出したが、これはアイルランド一王国の問題に留まる話ではない。スペインとイングランドの新世界と旧世界を跨いだ大西洋戦略の一環なのだ。「西方入植論」においてハクルートはこうも言っている。「さらには日々の交易によって、わがほうはアイルランドの敵を苦しめ、女王陛下の忠実なる臣民を助け、アイルランド人を少しずつ教化し、ほどなくして彼らがスペイン人の手を通して手に入れているアメリカの産物を我らが生み出すことができましょう。さすればスペイン人は毎年アイルランドで入手している日々の食料に窮し、それなくば交易を続けることもかないません」。

これはスペインがニューファンドランドのタラ漁業において、アイルランドを食料の供給地として利用していることを言っている。イングランドでは、プリマスなどの南西部の港湾都市がタラ漁業の中心地で、そこから漁船がニューファンドランドに向かう場合、アイルランドの南を回ってから北上する。イングランド漁船にとってもアイルランドは食料などの恰好の供給地になりえた。実際、十七世紀の終わりにアイルランドが塩漬け牛肉の大西洋世界への重要な供給地へと発展して以降は、アイルランドでの食料供給は、イングランドのニューファンドランド漁業においても不可欠の要素となる。つまり「西方入植論」が出版された一五八四年において、ニューファンドランドのタラ漁以外に新世界で目ぼしい経済活動を持たないイングランドにとって、植民地政策を展開しているアイルランドこそが、大西洋戦略の最前線だった。

アイルランドでの植民地政策における「野蛮人の教化」の経験が後世の植民地帝国建設に倫理的な根拠とモデルを提供したという歴史観は、デイヴィッド・B・クイン以来の定番となっている。前述のミラーやボティグハイマーもこの歴史観を前提としている。とくにミラーは、アイルランドでの植民地政策の成功がイングランド人に新世界を受容するうえでの、そしてその地での植民地計画をイメージするうえでの尺度として機能している点を強調している。ミラーが紹介したド・ブライの図版も、新大陸での植民地の実現可能性を論じたハクルートの記述も、アイルランドでの経験を通して新大陸を眺めていた。そしてその構造は『テンペスト』においても有効ではないだろうか。キャリバンはゲール人であると同時にネイティヴ・アメリカンでもある。そのことに矛盾はない。そしてシェイクスピアほどの想像力があれば、「黄金時代の風に習って生活する人々」がキャリバンのようにイングランド人に牙を剝く将来を想像することは、それほど難しいことではなかっただろう。ただしその時期が、一六一一年の時点ではまだ来ていなかったのだ。

一六一七年に出版された『旅行記』のなかで、ファインズ・モリソンはアイルランドのことを「ヴァージニア海に浮かぶこの有名な島」と呼んでいる。「ヴァージニア」という地名は、ローリー卿がエリザベス女王を讃えて、スペイン領だったフロリダより北側のアメリカ大陸全体を指して使ったとされる言葉である。この漠然とした言葉が現在の「ヴァージニア」を意味するようになったのは、一六〇七年に設立されたジェイムズタウン（「ヴァージニア植民地」という言葉は設立当時はなかった）が最終的に生き延びることができたからだ。そしてこの「ヴァージニア海」とやらにはアイルランドも含まれているらしい。アイルランドはイングランドが新世界を覗き見る窓であると同時に、新世界の東端でもあるわけだ。

『テンペスト』の孤島もおそらくこの茫漠とした「ヴァージニア海」のいずこかに浮かんでいるのだろう。そしてステファノーはその孤島に「サック酒の樽」につかまって上陸する。このことを軽視するべきではない。ステファノーは「サック酒」の力でキャリバンを心服させ、トリンキュローも手懐けて、プロスペローを打倒して孤島に自らの王権を確立しようと目論む。しかしこうした劇中世界での役割だけでなく、「ヴァージニア海」という海域名が北大西洋通商ネットワークを意識した言葉であり、また『テンペスト』にも新世界を眺める窓としてのアイルランドの機能が組み込まれている以上、「サック酒」のような商品には重要な意味合いがありうるからだ。そしてステファノーらの陰謀に対して、プロスペローは「サック酒」を「塩ダラ」に変ずるという、嵐の生成に比肩するほどの大魔法をもって対抗するのだ。

3 ワインを塩ダラに変える魔法

「サック酒」というのは、イベリア半島やカナリヤ諸島、アゾレス諸島で造られていた甘くて強い白ワインで、シェリーはその一種になる。シェイクスピアの時代にはイングランド人にこよなく愛され、『ヘンリー四世 第二部』のフォルスタッフなどは、自分が将来儲けるであろう千人の息子たちに叩き込むべき「人たる者の第一の道」として、「水で薄めた酒になどけっして口をつけるな、サック酒に溺れろ」（第四幕第三場）という徳目を掲げているほどだ。

これほどの酒だから、それを所有しているステファノーがキャリバンとトリンキュローを配下に収め、グループの首領となるのも自然の成り行きだった。初めて「天界の飲み物」を口にしたキャリバンなどは、「おれはその飲み物に誓ってお前の忠実な家臣になる。その飲み物はこの世のものとは思えない」（第二幕第二場）と感動のあまり臣従を誓ってしまう。そして三名は宴会を始め、その最中にキャリバンが言うところの「暴君」プロスペローの打倒計画が始まるのだ。

　しかしこの成り行きをあらかじめ予測していたプロスペローは、陰謀が形を成す前からそれを阻止するための大魔法を展開する。その大魔法の予兆は、トリンキュロー、ステファノーらがキャリバンに出会ったときから始まっていた。三名はお互いを罵り嘲る台詞を通して、お互いをタラ呼ばわりするのである。

　まず口火を切るのはトリンキュローだ。はじめて見たキャリバンの姿をこう評している。


　　なんだこりゃあ？　人間か、それとも魚か？　死んでいるのか、生きているのか？　魚だな、こいつからは魚の臭いがする。とっても古びた魚の臭いだ。できたばかりとはいえない塩ダラ《プア・ジョン》の類だ。奇妙な魚だな。


「プア・ジョン」とは捌いたタラに軽く塩をして数日おき、そのあと日干しにしたものだ。詳しくは第六章で説明するが、イングランドのタラ漁業が得意とした加工方法である。

　そこにサック酒を持ったステファノーが加わって三名で宴会が始まるのだが、その席で自分を腰抜け呼ばわりしたキャリバンに、トリンキュローはこう言い返す。

この穢れた魚野郎め、こんな腰抜けがいるかってんだ、今日のおれほどサック酒を飲めるような腰抜けがよ。化け物じみた嘘をつきやがって、この魚と化け物のあいのこ野郎が。

しかしそんなトリンキュローも、自分になついたキャリバンを庇うステファノーからタラ扱いにされる。

この手にかけて、おれは自分の慈悲の心をドアからおっ放り出して、お前を干しダラ《ストックフィッシュ》にしてやるからな。

「ストックフィッシュ」とは捌いたタラを塩をせずにゆっくりと日干ししたもので、寒冷の地でしか製造することはできない。恐ろしいほど固い干物で、料理するにはまずストックフィッシュハンマーと呼ばれる木槌で何度も叩き、一晩水に漬け込まなければならない。つまりステファノーは、お前をぼこぼこにして海に投げ捨てるぞと脅しているのだ。

プロスペローの大魔法はここからが本番である。三名のクーデター計画をあらかじめ予測していたプロスペローは、風の精霊エアリアルに命じて彼らを懲らしめる。その懲罰の内容が、当時のニシンやタラを塩漬けにしていく工程と似ているのだ。

サック酒で酔いつぶれた三名はエアリアルの魔法にかかり、汚い水たまりに漬け込まれる。その後も散々いたぶられ、第五幕第一場、プロスペローと敵対者の和解の場面に引きずり出される。その時ですら、彼らはサック酒の臭いをぷんぷんさせていた。アントーニオの感想は「一匹はたしかに魚ですな、だからたしかに、売り物になります」というものだった。三名の酒の臭いを訝しんで、アロンゾーはトリンキュローに尋ねる。

トリンキュローが酔っ払って、足がもつれておる。どこでこ奴らはかように強い酒を見つけたのか？　顔が真っ赤ではないか。お前はどうしてこれほど酒《ピックル》に漬かったのか？

トリンキュローは答える。

お別れして以来、ずっと漬け汁《ピックル》に漬け込まれておりました。ですから骨身に染み込み、ハエに卵を産みつけられることもないでしょう。

「ピックル」とは漬け汁のことで、食料を保存する手段として昔から使用されてきた。魚の場合、当時のレシピでは、濃度の高い塩水を使うこともあれば、魚を塩漬けにしたときに出る体液を利用することもある。あるいはヴィネガーやアルコールが利用されることもあった。アロンゾーの言う「ピックル」は明らかにサック酒のことだが、トリンキュローの「ピックル」はサック酒とも、エアリアルに漬け込まれた汚い水たまりとも取れる。いずれにせよ三名は「ハエに卵を産みつけられることもない」ほど立派なタラの塩漬けになったのだ。

さて、シェイクスピアにはどの程度タラ漁の知識があったのだろう。もしこの比喩表現が、タラの加工工程を精密に再現したつもりで書かれたのだとすれば、彼にはそれほど知識がなかったことになる。「ピックル」を使用した魚の加工食品といえば、前述のニシンの塩漬けが有名である。タラで「ピックル」を使用したものとしては「グリーン・フィッシュ」がある。これは取れたばかりのタラを捌いたのち、大量の塩で塩漬けし、滲み出てきた体液に漬けて防腐したものだ。しかしこれはフランス漁業が得意とした加工方法だった。イングランドのお得意であるプア・ジョンは「ピックル」を利用しない。したがって、湿り気のあるグリーン・フィッシュに対して、乾燥した製品に仕上がった。

フランスとイングランドで得意とする加工手段が分かれたのは販路の違いが背景にある。フランスは国内にカトリックが多い。フランス漁業は国内にあるグリーン・フィッシュへの大きな消費者ニーズに応えたのだ。一方イングランドのプア・ジョンを好んだのはイベリア半島やカナリヤ諸島、アゾレス諸島の消費者たちだった。気候が温暖なイベリア半島では湿り気のあるグリーン・フィッシュは持ちが悪く、乾燥した製品が求められていた。

サック酒にせよタラの塩漬け・干物にせよ、元来は旧世界に属するものである。しかしこの二つの商品は、『テンペスト』が成立した時代には、旧世界と新世界を融合する媒体となっていた。前述した通り、この時代にはイングランドのタラ漁業の主力は新世界で展開していた。北米大陸東北部、現在のカナダにあるニューファンドランド島南東のアヴァロン半島東岸が、イングランド漁業の活動領域だったのだ。そこで作られたプア・ジョンは、漁船や商船によって消費地であるイベリア半島やカナリヤ諸島、アゾレス諸島に送られる。そしていつしかそこでタラを販売した漁船や商船は、イングランドで人気の高いサック酒を積み込むようになったのだ。イングランドからニューファンドランドにはタラ漁に必要な塩などの物資が、ニューファンドランドからイベリア半島・カナリヤ諸島・アゾレス諸島にはプア・ジョンが、イベリア半島・カナリヤ諸島・アゾレス諸島からイングランドにはサック酒や果物が、といった三角貿易がやがては成立する。

一般に漁業には加わらず、漁船から塩ダラを買い付けて右記の航路を回った商船を特に「サック・シップ」と呼ぶ。サック・シップはサック酒をイングランドで売りつくさずに、その一部をニューファンドランドまで運び、タラ漁をしている漁師たちに売りさばいた。プア・ジョンを製造するためのタラ漁は小型の手漕ぎボートで行うが、商人たちはその手漕ぎボートにまで小型船で乗り付けて、サック酒を売りさばいたという。サック酒が塩ダラに、塩ダラがサック酒に化ける交易パターンがすでに新世界と旧世界のあいだに成立していたのだ。したがって「サック酒の樽」とともに上陸し、その影響力で孤島に支配権を打ち立てようとしたステファノーは慧眼であったといえる。なにしろそこにはタラがいるからだ。しかしプロスペローはすでにサック酒を塩ダラに変ずる三角貿易のシステムを自らのものにしていたわけだ。

この三角貿易がいつ始まったのかははっきりしない。しかし始めたのはオランダ商人のようで、ウォルター・ローリー卿が一五九三年の庶民院で、一五八九年のオランダのサック・シップについて不満を述べている。植民地推進論者のローリー卿にしてみれば、こうした交易システムこそ、イングランドが取り込むべきものと思えただろう。イングランド漁船がその海域で操業しているのであればなおさらだ。イングランドがこの三角貿易からオランダを締め出し、独占するのは一六三〇年代になってからだ。この背景には一人の商人がいるのだが、この人物の話に移るまえに、タラ漁の歴史を概観しておこう。

第六章　ニューファンドランド漁業

1　ニューファンドランド発見

ヴェネチア市民であったジョン・カボット（ジョヴァンニ・カボート）は一四九六年三月にヘンリー七世から特許を得て、ブリストルから西に向かって出航した。カボットが求めていたのは西回りのアジア航路、もっと正確には日本への航路だった。カボットの航海やその目的、航路についての情報は、航海日記が紛失しているため同時代の手紙のなかに求めるしかない。その第一級の一次資料とされているのがミラノ公国の外交官ライモンド・ディ・ソンチーノがミラノ大公に送った手紙である。カボットはヘンリー七世から特許を得たおそらくその年に、第一回目の航海に出ている。ただしこの航海は失敗で、すぐに帰港してしまっている。第二回目が北アメリカ大陸に到達した航海で、おそらく翌年の五月に出航し、八月の初めに帰港している。ソンチーノの手紙はその帰港後、彼の記述が嘘でなければ直接カボットおよび同行者に話を聞いたうえで、十二月十八日付けで送られたものだ。その手紙にはこうある。

しかしジョヴァンニ氏はさらなる大志を抱いております。というのも、上陸したその地点から岸に沿ってさらにさらに西へと、氏がジパングと呼ぶ島に到達するまで進むつもりだからです。その島は赤道地域にあり、氏が信じるには、宝石に加えて世界のすべてのスパイスがそこに源を持つそうです。

カボットは日本に関するこの情報を、メッカに滞在した折にキャラバンの商人たちから聞いた情報の分析をもとに導き出したのだと語っている。アジア大陸の最果てにある日本は、西洋人から見れば、よくよく妄想を掻き立てるには絶好の場所なのかもしれない。

カボットが北アメリカのどの地点に上陸したのかも、実はよく分かっていない。英国政府とカナダ政府の「公式」見解によればニューファンドランド島のボナヴィスタ湾ということになっているのだが、確証はまったくない。いずれにせよ、そこでカボットが発見したのは「宝石」や「世界のすべてのスパイス」ではない。海面が盛り上がらんばかりのタラの大群だった。ソンチーノの手紙にはこうある。

彼らは、その海は魚で満ち溢れていた、と断言しました。その魚は網で取れるどころか、水に沈むよう、石を入れて降ろした籠でも取ることができる、と言うのです。……そしてこのカボットの仲間であるイングランド人たちは、魚があれだけ大量に取れるなら、イングランドにアイスランドはもう必要ない、と言うのです。アイスランドからは、ストックフィッシュと呼ばれる魚が、大量に入ってきているのです。

翌年カボットは第三回目の航海に出るのだが、この詳細に関してもよくは分かっていない。一説によればこの航海で遭難したとも言われ、別の説では一五〇〇年に帰港したとも言われている。いずれにせよ、カボットはこれで歴史の闇に消えていくことになる。

この報告に諸国の漁業界は即座に反応する。記録に残るだけでも、一五〇二年にはイングランド、一五〇四年にはフランス、一五〇六年にはポルトガルの漁船がニューファンドランドで操業している。一五一〇年にはフランスのルーアンでニューファンドランド産のタラが取引されていた。

ニシンの回遊コースに沿って行われるニシン漁とは違い、遠洋漁業が中心になるタラ漁には、西洋世界を外側に向けて拡張させる力があった。ソンチーノの引用にもある通り、十五世紀にはイングランドのタラ漁はアイスランドで行われていた。ニシンの場合と同様、北海でのタラ漁がオランダの支配下にあったため、アイスランドに進出するしかなかったのだ。そしてアメリカ大陸が発見される直前には、漁師たちは少なくともグリーンランド近辺にまで到達していたという証拠がある。さらには、ブリストルの漁船がすでに新大陸まで到達していたことを示唆する資料まである。カボットの発見に西洋の漁業界が即応できたのも、彼らの活動領域が新大陸のすぐそばまで来ていたからだろう。またカボットがブリストルを西への航海の拠点としたのも、この港がアイスランドでのタラ漁に漁船を出していたため、西への航路の情報を得やすかったからではないかと言われている。

だが西洋世界を外側に向けて拡張させたという意味で、タラにはもう一つ重要な特徴がある。その加工品の日持ちが断然いいのだ。ソンチーノの手紙にあるストックフィッシュは塩を使わずにタラを日干しにするため、北欧やアイスランドのような寒冷地でしか製造できなかった。しかしニシンの塩漬けが程度のいいものでも持って二年とされていたところ、ストックフィッシュであれば、品が良ければ五年は持つとされていた。『金曜日の魚』のブライアン・フェイガンは、コンパスどころか舵も持たなかったヴァイキングがカボットより五百年も前にニューファンドランドに到達できたのも、このストックフィッシュのおかげだと考えている。食料の心配がないからこそ、未知の航路に挑戦できたのだ。

プア・ジョンなどの塩ダラが開発されたのは、ストックフィッシュよりも後だと考えられている。塩を使うぶん値段が張るが、製造できる領域が広まり、生産量も増加した。しかも日持ちもストックフィッシュに勝るとも劣らない。冷蔵技術が生まれるまえは、赤道を越えても腐ることのない数少ないタンパク源の一つだった。当然長期にわたる航海には重宝され、フェイガンなどの歴史家のなかには、塩ダラがなければ大航海時代があそこまで爆発的になることはなかったと推測する者もいる。このことは同時代の識者にも認識されていて、一六三八年から一六五一年にかけてイングランドのニューファンドランド総督の地位にあったデイヴィッド・カーク卿が一六五〇年に塩ダラについての見解を示している。

オランダ人もスペイン人もポルトガル人も、ニューファンドランドの魚がなければ西インド諸島に一隻も船を送ることができないだろう。ここで塩漬けされ日干しされたもの以外に、いたまず腐りもせずに赤道を越えられる魚は存在しないからだ。

したがってプア・ジョンは、サック酒の有無とは無関係に、もうそれだけで新世界とつながっていたのである。

カボットがヘンリー七世の名前で上陸したにもかかわらず、イングランドの漁船がニューファンドランドで本格的に活動を始めるのは十六世紀も後半に入ってからだ。そしてソンチーノに誇らしげに語った「イングランド人」の予測とは裏腹に、イングランド漁船は十七世紀半ばまでアイスランドのタラ漁場から離れることはなかった。

しかしそれでもニューファンドランドはイングランドが新世界ではじめて相応な規模の経済活動を行った場所である。大英帝国の成立に鑑みてもその意義は大きい。『海から生まれた大英帝国』のなかで、ジェレミー・ブラックは、大英帝国の基盤が築かれていく過程においてニューファンドランド漁業が果たした役割をこう要約している。「やがてニューファンドランド漁業のおかげで大量の船や人が毎年大西洋を行き来するようになった。このことが将来の活動のために二つの重要な基盤を作りあげた。まず大西洋の航海上の知識、とくに北大西洋の海流、風、沿岸部の地形についての知識が蓄積された。そして大西洋を横断するのは普通のことだという感覚が生まれたのである」。

2　豊饒の海

スペインに対抗するため、植民地政策を推奨したウォルター・ローリー卿の一党は、アイルランドを通して新大陸を眺めていた。同じ構造が『テンペスト』にも見られる。もっとも、シェイクスピアがエドマンド・スペンサーほどあからさまな植民地主義者であったと言うわけではない。「お前は言葉を教えてくれた。おかげで悪態をつくこともできるようにもなったぜ」というキャリバンの台詞の小気味よさに後世の人間が惹きつけられるのも、シェイクスピアにそれ以上の何かがあるからだろう。

おそらくシェイクスピアは植民地主義者よりもずっと冷めた目で新世界の未来を予見してい

たのだろう。そしてニューファンドランドを含む巨大な三角形を行き来する塩ダラとサック酒の交易を、風の精霊エアリアルを使役したプロスペローの魔法として描いたことは、この大魔導士の本質にかかわる問題かもしれない。大西洋に生まれつつある商品の巨大な流通システムは将来の大英帝国の萌芽であり、プロスペローは将来の大英帝国が顕現した姿だと考えるのは、いささか行き過ぎた解釈というものだろうか。

いずれにせよ、新しく生まれつつあるこの流通網のなかで、アイルランドとニューファンドランドは新大陸北部への航路としては切り離せない関係だった。アイルランドが北米大陸に「ヨーロッパで一番近い地域」であるなら、ニューファンドランドはヨーロッパにとって、北米大陸への玄関口にあたる。帆船の時代、新大陸に渡るには偏西風を考慮に入れなければならなかった。ブリテン諸島とニューファンドランドはこの偏西風の帯のなかに入っている。そのため、いったん北上するか南下してから西に向かわなければならない。ジョン・カボットはちょうど前者のコースをたどる。そしてそのコースをたどれば、自然とニューファンドランドに到着するのだ。十一世紀のヴァイキングたちが同じニューファンドランドに上陸したのは偶然ではない。したがってもっと南にあるニューイングランドに行く場合も、いったん北上してニューファンドランドを通過することになる。

しかし新大陸のなかで、ニューファンドランドが当時の人間にシェイクスピアの劇のネタになる程度に身近な場所と感じられるのは地理的な理由からだけではない。十六世紀後半、現在のカナダ沿岸部での経済活動は、規模においても価格においてもメキシコ湾でのそれを超えていた。その地域で最重要の交易品が毛皮とタラだった。どちらを重視するかは歴史家によって異なるが、『魚からワインへ』のピーター・E・ポープは十六世紀終わりの時点でヨーロッパ諸国全体のこの海域での漁獲高が二十万トンにも達していたと推測している。これは十九世紀終わりから二十世紀初めにかけての漁獲高と変わらない数値で、この推測が正しいとすれば、たしかにこの海域のタラ漁はヨーロッパ経済のなかで重要な位置を占めていただろう。

ジョン・カボットの歴史的偉業があるにもかかわらず、イングランド漁船がこの豊饒の海で本格的に操業を開始するのは、一五七〇年代も終わりになってからだった。ブリストルのアントニー・パークハーストは、ニューファンドランドを含むセント・ローレンス湾一帯での漁業にもっと投資するよう政府に働きかけていたロビイストだが、彼の報告では一五七〇年代の初めには、この海域で操業するイングランド漁船は「小さなバーク船」四隻だけだった。もっとも彼の政治的な目的を考えれば、この数値をどこまで信じていいかは疑問だが。しかしその彼も、一五七八年のイングランド漁船の数を四十隻か五十隻と報告している。「そのうち半数は立派な船で、あえてはっきり断言させていただきますなら、以前であれば船団全体で持ち帰った量の魚を、今なら一隻で持ち帰っているほどです」（「アンソニー・パークハーストからリチャード・ハクルートへの手紙」)。

たしかに目覚ましい成長ぶりである。しかし他国の船団に比べると、まだまだイングランドは弱小だった。パークハーストの報告では、同じ年にポルトガル漁船が五十隻、スペイン漁船が百隻以上、「フランス人とブルターニュ人」の漁船が百五十隻となっている。しかしフランス漁船の数についいては、実際にはずっと多かったと考えたほうがいい。パンフレット作家のロバート・ヒッチコックは一五八〇年に出版した『君主のための分別ある計画』のなかで、フランス船団を五百隻と主張している。また、前述のピーター・E・ポープによれば、ボルドーとルーアン、ラ・ロシェルの古文書を調べただけでも、十六世紀半ばには、この三港だけで一年に百五十隻の漁船を新大陸に送っていた。

この状況からイングランドはさらに躍進する。『ニューファンドランドにおけるイングランドの事業――一五七七年―一六六〇年』のジリアン・T・セルによれば、一六〇四年にはイングランド漁船は百五十隻に達していた。この躍進の背景にはアルマダ海戦がある。

一五八五年、オランダのプロテスタントたちのスペインからの独立戦争に加担し、イングランドはスペインと戦争状態に突入する。ちなみに当時、ポルトガルはフェリペ二世のもと、スペインと同君連合を組んでいた(ポルトガル国王としてはフェリペ一世)。だが前章で紹介したハクルートの「西方入植論」にある通り、イングランドはおおっぴらに開戦する以前からスペインのタラ漁船とアイルランドとの交易を問題視していた。そしてスペインとポルトガルの船舶への私掠行為もすでに始まっており、当然、漁船もその対象だった。なかでも有名なのは、エリザベス女王の「海の猛犬」の一人だったバーナード・ドレイク（フランシス・ドレイクとは別人）の一五八五年の遠征だろう。政府の出資を得て、彼はニューファンドランドで操業するポルトガル漁船十六隻を捕獲している。

スペイン側はこの苛立たしい状況を根本的に解決するために、イングランド上陸を戦略目標として無敵艦隊《アルマダ》を準備する。しかしこのことがスペイン、ポルトガル漁業をさらに苦しめることになった。両国の漁船が軍艦や輸送艦として大量に徴用されてしまったのだ。しかもその艦隊が大敗北を喫したわけだから、漁民にとってはまさしく泣きっ面に蜂である。

同時に幸運もイングランド漁業に味方した。両国漁業の衰退の背景にあるのは軍事的な理由だけではない。スペイン漁業の中心であるバスク人は、さらに重税に苦しめられていた。加えて、新大陸からの貴金属流入によるインフレ圧力が原因で、商品価格と賃金が上昇してしまう。こうした様々な要因が複合的に絡み合い、結局両国の漁業は国際的な競争力を喪失してしまったのだ。だがイングランド漁業にとってそれ以上に幸運だったのは、両国の漁業が支配してきたイベリア半島や地中海諸国のタラ市場が、そのまま転がり込んできたことだろう。その巨大な需要がイングランド漁業の躍進の原動力となったのだ。

もちろんフランスもスペイン、ポルトガル漁業の衰退から利益を得ていた。しかし同じ旧教国であるフランスの漁業には、満たすべき巨大な国内需要がすでに存在した。加えて前述した通り、温暖なイベリア半島では乾燥した塩ダラが好まれる。フランス漁業もそうした製品を製造してはいたが、主力は湿り気があるグリーン・フィッシュだった。このこともイングランドに幸いしたと言えるかもしれない。グリーン・フィッシュとプア・ジョンなどの塩ダラとでは製法だけでなく、利益を最大化しようと思えば、漁場、漁期、漁の形態、必要とされる加工技術、漁船の大きさと、すべての前提条件が異なってくる。プア・ジョンが入用になったからと、簡単に方向転換できるものではない。

そろそろこの二つの漁業の違いを詳しく説明しておこう。グリーン・フィッシュを製造するための漁業は現代人がイメージする通りの遠洋漁業である。漁期は年に二回で、二月の初めから四月の終わりまでと、六月、七月である。一般に前者の製品が上物とされていた。狙うのは大きめのタラで、ニューファンドランド周辺にいくつもある「バンク」と呼ばれる浅瀬が漁場となる。この「バンク」は沖合にあり、漁船は数週間そこにとどまって、ひたすらタラを釣りつづけるのだ。このため排水量の大きな漁船が有利で、フランス漁船は平均して百トン程度、イングランド漁船の倍はあった。釣りあげたタラは船上で下処理され、大量の塩で塩漬けにされる。前述した通り、塩に漬けたさいに出てくる体液が漬け汁となり、できあがったグリーン・フィッシュはプア・ジョンと比べると身が軟らかいのが特徴だ。フランス北部で特に人気が高かった。

一方プア・ジョンのほうは、現代人がイメージする遠洋漁業とは異なる。漁場が本国から離れた場所にあり、そこまでは相応の大きさの母船で向かうが、漁場につくと母船は浜に挙げてしまい、漁自体は母船に積載してきた手漕ぎボートで行う。つまり、実際には沿岸漁業なのだ。グリーン・フィッシュの場合とは違ってタラの加工を陸地でするために、浜辺に「ステージ」と呼ばれる漁業基地が必要になる。漁師たちはそこから三人乗りの手漕ぎボートで漁場まで向かい、毎夕その日の釣果を持ち帰るのだ。

十七、八世紀ニューファンドランドのタラ漁のステージ
Nicolas De Fer作製の地図（カバー図版に使用）のHerman Mollによる複製（1718）
Library and Archives Canadaのコレクションより

一六六三年に漁船付きの医師としてニューファンドランド漁業を経験したジェイムズ・ヤングの日誌によれば、「ボートは三トンから四トンで、千尾から千二百尾のタ

ラを運ぶことができる」。そしてステージでは二人の担当者がタラを加工して日干しにしていく。漁師三名と合わせて五名が一つのチームで、釣果が平均的な年であれば、一つのチームで塩ダラ二百キンタル（一キンタルが百十二ポンド）、つまりおよそ十トン程度を生産する。その工程のなかでとくに重要なのが日干しのまえの塩漬けだった。ヤングによれば、「塩が多すぎると魚が焼けて身が脆くなり、湿ってしまう。少なすぎるとレッド・シャンク（鴫の一種）になってしまう。つまり日干しにすると赤くなり、市場向きのものではなくなってしまう」からだ。

この漁業基地はだれかの専有物というわけではなく、毎年新しく建設しなければならない。そのため、ステージとして有利な場所（漁場までの距離が短い場所）を確保するための競争が激しかった。十七世紀初めにはニューファンドランド漁業の公式の出航日は四月一日（現代の暦では四月十一日）だったが、年を追うごとにこの日にちは早まり、ヤングの乗った船は二月二十四日（三月六日）に出航している。誰もが他に先んじようとしたのだ。漁期の終わりは七月末から八月の初めにかけてだった。

十七世紀のニューファンドランド漁業は、小さな変動はあるものの、古くからの覇者であるフランスと挑戦者であるイングランドとのあいだで二分されることになる。しかし両者の勢力が拮抗していたわけではない。イングランド漁業の成長はその後も続き、一六一五年に漁業の様子を調査したリチャード・ウィットボーンによれば、二百五十隻のイングランド漁船がニューファンドランドで操業し、五千人以上の漁師が働いていた。一方フランス漁業はというと、前述のピーター・E・ポープが言うには、十七世紀を通して最低でもイングランド漁業の二倍の規模を誇っていた。しかし市場が異なることが幸いし、漁場をめぐって争うこともなく、住み分けが可能だったのだ。この状況に変化が生じるのは、十八世紀初めのアン女王戦争が終わってからになる。

3　三角貿易とサック・シップ

八月、遅くとも九月の初めにはプア・ジョンを満載した漁船や「サック・シップ」と呼ばれる商船がニューファンドランドを出航する。これらの船は九月の終わり、あるいは十月にイベリア半島の港に到着する。イングランドで需要の高いイベリア半島の商品には、サック酒の他に干しブドウとオリーブオイルがあるが、これらの商品が市場に出てくるのは、干しブドウが八月、サック酒は九月、十月、十一月、オリーブオイルは冬になる。プア・ジョンとサック酒の三角貿易は商人の天才的な独創性がなければ実現できないというわけではなく、ごく自然に産まれたものだ。

アイスランド漁業の場合も同様だが、漁船はもともとイングランドの港に製品を持ち帰っていた。というよりも、漁業に限らず、海外で入手した商品はいったん本国に持ち帰るのが当時の基本だった。そしてそこから製品が海外に再輸出されていた。規制でそう定められていたのだ。そうしなければ海外からの商品に政府は関税をかけることができない。しかしタラ漁については、この規制から除外されていた。第二章で説明した通り、漁業を振興しなければならない政治的な特殊性ゆえの優遇策の一環である。そして始まりは定かではないが、右記の三角貿易のパターンが生まれ、時代が下るにつれてその量が増えていく。たとえば一六八一年には、漁船は漁獲高の六十%を直接市場に届けている。

航海の記録としては、一五八四年に「ニューファンドランド漁業に行き、そこからスペインのカディスに向かい、ロンドンのこの港に戻ってきた」白い女鹿《ホワイト・ハインド》号のそれがある。商品の内容は不明ではあるが。しかし実際にはもっと古くから存在しただろう。一五八五年のバーナード・ドレイク船長のニューファンドランドへの遠征については言及したが、この遠征が計画されたそもそもの理由が、スペインとの開戦を前にして、スペインの港に行くことの危険をイングランド漁船に警告しなければとエリザベス女王が判断したためだ。ドレイクはそのための使者でもあったのだ。つまり一国の支配者がその必要を感じた程度には、こうした交易パターンを採る漁船が増えていたということだろう。

一六〇四年、前年にイングランド王位を継いだジェイムズ一世はスペインとロンドン条約を締結、一五八五年から続く戦争状態を終結させる。ジェイムズ一世の外交政策は国内の宗教政策との相性が最悪だった。プロテスタントのなかでもピューリタン（カルヴァン主義者）はローマ教皇を反キリストと見なしていたために、カトリックの守護者であるスペインとの和睦を公然と非難した。このことが逆にピューリタンへの迫害につながっていく。

だが商業的に見ればこれは悪くない一手だった。イベリア半島との通商だけでなく、地中海世界との交易が容易になったのだ。地中海世界との交易の独占権を持つレヴァント会社や東インド会社に所属する大商人には願ってもいない政策である。イングランドではこれから十七世紀半ばのピューリタン革命に向けての助走が始まるが、大商人の多くはチャールズ一世が反スペインに傾いた二〇年代の後半を除いては、おおむね国王に忠実だった。

ニューファンドランド漁業に出資する商人たちは、プリマスなどのイングランド南西部地域の港湾都市に集中していた。西部冒険商人《ウエスタン・アドヴエンチヤラー》と呼ばれる彼らは右記の大商人とは違って独占権を持たない新興勢力であり、そのため交易の独占権の授受で結びついた国王と大商人らの体制に対して攻撃的で、ピューリタン革命では革命側に与したものたちが多い。しかしその彼らにとってもこの和睦は有益だった。それまでフランスを通すなど、迂回路を経てスペイン市場に卸していたプア・ジョンを、今後は直接持ち込むことができるようになったのだ。そしてスペインの港で遠慮なくサック酒を購入できるようにもなった。ただし今度は独占権を持つ大商人の目を掻い潜らなければならなかったのだが。

サック・シップが登場するのも一六〇〇年の少し前のことである。サック・シップは漁業を行うこともあるが、基本は商船である。ニューファンドランドで塩ダラを買いつけ、あとは前述の三角貿易のコースをたどって交易だけを専門に行う。もともとはオランダ商人が始めたようだ。前章で述べた通り、ウォルター・ローリー卿が一五九三年の庶民院でオランダのサック・シップについて不満を述べている。オランダはトレードマークとも言える例の風車を動力として利用して、他の国々よりも安価に船舶を建造することができた。そのため、海運業も割安料金で運営できたのだ。しかし一六三〇年代になると、イングランド、特にロンドン商人の船舶がサック・シップとして活動するようになる。そしてそのなかに、ロンドンに拠点を持つワイン商人であるデイヴィッド・カークの一党がいた。

4　タラ漁と自由主義

イングランド漁船が集中して操業していたアヴァロン半島東岸は俗に「イングリッシュ海岸」と呼ばれていた。イングリッシュ海岸にはいくつもの入江があり、漁船はこの入江のなかにステージを建てて漁をする。ステージの場所は毎年自由競争によって決定された。それぞれの入江に一番乗りした漁船が入江のなかで一番いい場所にステージを建てるのだ。同時にその漁船の船長が「提督《アドミラル》」となってそれぞれの入江のもめ事を裁定することになっていた。前述のジェイムズ・ヤングによれば、漁民たちは提督のことを「閣下《マイ・ロード》」、二番目に到着し、提督を補佐する「副提督《ヴァイス・アドミラル》」のことを「奥方様《マイ・レディ》」と呼んでいたそうだ。そしてここでの漁業に出資していた商人は、圧倒的にイングランド南西部のウェスタン・アドヴェンチャラーである。

イングランドの漁師たちが長年ここで操業しつづけてきたわけだから、イングリッシュ海岸の植民地化の話が出るのも当然の成行きかもしれない。最初にこの地で植民活動らしきことを行ったのは、例のウォルター・ローリー卿の異母兄であるハンフリー・ギルバート卿である。

一五七八年、エリザベス女王より、「キリスト教徒の君主や人民が現在所有していない異教徒の未開な遠隔地を発見し、探査し、見出し、見聞する」ための特許を授かったギルバート卿は、一五八三年に新大陸に向けて出港する。その途上でニューファンドランドのイングリッシュ海岸にあるセント・ジョンズに立ち寄ったのだ。航海に同行したジョージ・ペッカム卿の『最新の発見についての真実の報告』によれば、ギルバート卿はセント・ジョンズにいた漁民たちを集め、「彼らの面前でイングランドの国璽が押印された委任状を高らかに、厳かに読み上げさせた」。そして「イングランド王室の権限において、かの地を占有した」ことを宣言する。さらにそれまで自由競争に任されていたステージの立地を、地代を納付すれば所有しつづけることができる永代借地と定めたのだ。

もっとも、前述のピーター・E・ポープはギルバート卿の本来の目的地は現在のメイン州だったと考えている。また、デイヴィッド・B・クインも『ハンフリー・ギルバート卿の航海と植民計画』のなかで、ニューファンドランドにギルバート卿が立ち寄った理由を、「遠征隊は食料が不十分であり、ニューファンドランドのバンクにいる漁船団から食料を入手するため」だったと考えている。真相がどうあれ、ギルバート卿は数週間後にはセント・ジョンズを出港、真の目的地に向かう途上で嵐に襲われ海の藻屑と消えてしまう。地代を取り立てる主を失い、セント・ジョンズの植民地話も立ち消えになってしまった。

『ハンフリー・ギルバート卿の航海と植民計画』によれば、ギルバート卿が立ち寄ったおり、セント・ジョンズの港にはスペインとポルトガルの漁船が計二十隻程度、フランスとイングランドの漁船が計十六隻程度停泊しており、その時の「提督」はイングランド人の船長だったそうだ。ところがイングランド人の提督もイングランドの漁船団も他国の漁船団と団結してギルバート卿の入港に抵抗したという。この時点ではすでにスペインとポルトガルの船舶に対する私掠行為がイングランドでは認められており、しかも前年にニューファンドランドでイングランドの私掠船がポルトガル漁船を拿捕していた。イングランドとフランスの漁船団は両国の同業者への略奪行為を防ごうとしたのだ、とクインは考えている。ギルバート卿は戦闘態勢を取り、女王の委任状を提示することで、ようやく入港を認められたという。

この事例からも分かる通り、イングランド漁船の活動領域だから植民地を建設しようというのは、帝国主義者の発想なのだ。「イングリッシュ海岸」だからといって、イングランド人が独占しているわけではない。入り江のなかには一夏のあいだ国際的なコミュニティが生まれる。そこには「帝国」とは別の行動原理が働いていた。そしてそうした行動原理のなかでも特に植民地建設の妨げになったのが、漁業関係者の自由競争の精神である。

自由競争の原理が働くのはステージの場所取りばかりではない。海軍力増強のためにこの海域の漁業を重視するエリザベス女王は漁船のために護衛艦を送ったが、漁船はこの配慮を煩がった。護衛艦の警護のもと艦隊を組んで航行したら、市場への到着で他に先んじることができなくなる。商品の市場価格にはタイミングというものがあり、商品をできるだけ早く市場に届けることが肝要だ。みんなそろって市場に到着すれば、商品がだぶつき、それだけ安くなってしまうのだ。

プア・ジョンを誰が運ぶかも、大きな争点だった。イングランドの海運業の成長を願う政府にしてみれば、その業務を自国の商人に独占的に任せたい。ロンドンの商人たちもそれを求めていた。オランダ商人が始めたサック・シップによる三角貿易は当然のこと、本国からのプア・ジョンの再輸出においても、ロンドンの商人たちは海外の商人に後れを取っていたのだ。

しかしこの問題を解決するために政府が介入しようとすると、ウェスタン・アドヴェンチャラーたちは激しく抵抗した。海外の商人を排除すれば、市場の競争原理がそれだけ弱まり、商品価格に影響するからだ。

加えてウェスタン・アドヴェンチャラーは、庶民院での活動や枢密院への嘆願を通して、プア・ジョンの重要な市場であるイベリア半島、地中海世界での特権商人たちの交易の独占権を攻撃した。その甲斐あって一六一〇年までには、イベリア半島での特権商人たちの独占権は失われ、貿易が自由化されている。経済になんらかの規制をかけるのが当然だったこの時代に、彼らの自由主義がここまで許されたのも、政府がそれだけタラ漁を重視していたからだろう。

ところがこの時代、植民地経営に投資する特権商人や貴族の目的は、ギルバート卿の行動からも分かる通り、独占体制の確立だったのだ。植民地経営を発案するのは商人や貴族などの資本家たちで、彼らが出資して株式会社《ジョイント・ストック・カンパニー》を立ち上げ、国王に何らかの利益を約束することで特許をもらう。この特許が出資者たちの交易の独占を保証する。一六〇六年に新大陸への入植のために設立され、やがてヴァージニア植民地の運営母体となったヴァージニア会社の場合もそうだった。ニューファンドランド会社は一六一〇年に設立されるが、出資した四十八名のうち三十六名が商人で、そのうちの二十四名がロンドンの商人である。そしてロンドン商人の多くが同時にヴァージニア会社にも投資しており、かつレヴァント会社や東インド会社にも所属する特権商人たちだった。

したがって、ニューファンドランド会社の目的は明らかだ。しかし政府がウェスタン・アドヴェンチャラーの非難を恐れたのだろう。ニューファンドランド会社にニューファンドランド全島、特にイングリッシュ海岸の所有権を特許で保証したが、同時に国の内外を問わず、すべての漁民の漁業の権利を侵害しないようにとの条件もつけている。だが土地の所有権が確定した以上、ステージの場所取りの問題で両者が衝突するのは目に見えていた。

一六一〇年、ニューファンドランド会社はイングリッシュ海岸北部にあるキューピッド・コウヴにブリストル商人のジョン・ガイを総督として三十九名の入植者を送る。そして翌年ジョン・ガイは会社に送った手紙のなかで、入植地の漁業の展望をこう語った。「入植者は毎年必ず一番にこの浜辺に到着し、ここで使用するのに必要なステージを入手できる」。これこそ漁師やウェスタン・アドヴェンチャラーが恐れていたことだった。

第二代総督のジョン・メイソンの時代に、ウェスタン・アドヴェンチャラー側の不満がついに爆発する。一六一八年にデヴォン、ドーセット、ハンプシャーの商人たちが枢密院に苦情を提出し、入植者たちが「漁をするうえで一番の漁場」を独占して、自分たちが残しておいた施設やボートを破壊していると訴えたのだ。この苦情については、枢密院が会社側に特許で保証した漁業の自由を守るよう勧告することで事を収めたが、両者の確執はその後も続いた。しかし一六二〇年代に入ると、ニューファンドランド会社の消息は徐々に途絶えていく。ジョン・メイソンは漁業への関心が低かったようで、結局のところ、一番の収入源であるはずの漁業からの収入を確立できなかった。これが災いし、ニューファンドランド会社は下賜された土地の権利を売却しながら、やがて歴史の闇のなかに消えてしまう。

ニューファンドランド会社は事実上消滅し、ニューファンドランド会社から土地の権利を購入したものたちも次から次へと植民地経営に失敗していく。しかしこれらの試みでイングリッシュ海岸に入植したものたちの数は着実に増えていった。結局のところ、出資者の投資に見合うレベルの儲けが出なかったというだけのことなのだ。サック・シップが登場したおかげで、ニューファンドランドの入植に必要な条件は整っていた。漁船にしろサック・シップにしろ、イングランドからニューファンドランドに向かう航路においては船倉に余裕がある。この部分での経済効率の悪さを解消するために、どの船舶も乗客を割安で乗せていた。したがって入植者たちはボートとステージさえあれば、契約した漁師をイングランドから呼び寄せ、五人一組のタラ漁のチームを作ることができたのだ。そして彼らが作ったプア・ジョンは、サック・シップが購入してくれる。

そんなわけで、組織だった植民地の計画がすべて失敗に終わったあとも、漁師と入植者のトラブルは続いた。一六三四年、両者の関係を憂慮してチャールズ一世が「ウェスタン憲章」を発布している。長年続いてきた「提督」の仕来りを正式に認め、双方にお互いの漁業施設への破壊行為をやめるよう促した内容だが、「憲章」ではあっても強制力がないため、あまり意味がなかったようだ。

5　英雄キャプテン・カーク

この島の勇敢なる兵《つわもの》どもよ
海で闘い、陸で闘うものどもよ
この勇ましい報せに耳を傾けよ
敵の虐《しいた》ぐ真なるキリスト教徒の
苦しみ思い、ちかごろ悲嘆にくれる
われらが心を晴らしてくれよう

最近進水せし三隻の船
（威風堂々背も高く）
キャプテン・カークの指揮のもと

驕り仇なすフランスに
見事、勝機を手に入れた
真のイングランド人ならその勲《いさお》しに喝采せよ

歴史の歯車の奇妙な廻りあわせで、華々しい成果を上げながらも後世にその成果が十分に知られることがない人物がいる。サー・デイヴィッド・カークを一言で評価するなら、彼はそういう人物だった。北米大陸における英仏の抗争史のなかで、フランス植民地の拠点だったケベックは何度かイングランドに落とされたことがある。それにはじめて成功したのが彼だった。失敗続きだったニューファンドランドでの植民地建設に成功したのも彼である。

右の引用は、ケベックを陥落させる前年、一六二八年のフランス艦隊にたいするデイヴィッド・カークの大勝利を謳ったバラッドからのものだ。作者はマーティン・パーカー、バラッド作家としてはイングランド随一の人物である。本書において重要になるのはカークのニューファンドランド総督としての活動だが、彼がそこまで出世することができたそもそものきっかけがこの大勝利にあった。

バラッドからも伺えるように、この時代、イングランドの置かれた状況は芳しくなかった。スペインとフランスという、大陸の二大大国と同時に戦争をする羽目に陥っていたのだ。経緯を説明しよう。前述したとおり、エリザベス一世を継いだジェイムズ一世は一六〇四年にスペインと和睦、以降外交においてはスペイン寄りの政策を採用してきた。しかし一六二三年、長年画策してきたチャールズ皇太子とスペイン王女との政略結婚の計画が破綻、このことが原因でチャールズが一時的に反スペインに転じてしまう。そこで妃はフランス王家から迎えることになった。フランスもスペインも旧教国で、新教国のイングランドとは宗教的には相いれなかったが、当時ヨーロッパ全域で戦われていた三十年戦争で、フランスはスペイン、オーストリア両王国の王家であるハプスブルク家と対抗するための同盟を求めていたのだ。一六二五年チャールズ一世が戴冠し、フランスからアン王妃を迎えてイングランドはスペインと戦闘状態に入った。

話が複雑になるのはここからである。結婚そうそう、そのフランスとの関係がこじれはじめたのだ。原因はフランス国内の新教徒ユグノーが、その一六二五年に武装蜂起したことにある。この状況に対応するため、フランスは同じ旧教国であるスペインとの関係の修復に動きだす。勢いイングランドは疎外される形となり、その苛立ちが昂じた結果、一六二七年、スペインとの戦争を続けたまま、チャールズ一世はユグノー救出を名目としてフランスに出兵してしまったのだ。歌詞にある「真なるキリスト教徒」とは、新教徒のユグノーのことである。

戦闘も敗北続きだった。一六二五年にはスペインの港湾都市カディスに上陸を試みて大敗、一六二七年から翌年にかけては、ユグノーの最大の拠点であるラ・ロシェル救出のために三度兵を送るがいずれも失敗している。デイヴィッド・カークが新大陸でフランス艦隊を撃破してイングランドに帰還したのは、こうした敗北が続いていた一六二八年九月の終わりのことだった。つまり久々の勝利だったのだ。

バラッドの題名は「蘇りしイングランドの栄誉」、それまでの敗北がどれだけイングランド人の自尊心を傷つけていたかが伺える。曰く、

かくてわれらが英雄キャプテン・カークは
フランス人をしたたかに打ち投げて
祖国に栄誉をもたらした
ああ、われらのおおくが彼に倣えば
イングランドは進むよ、名声とともに
フランス、スペイン何するものぞと

この一節をタバーン（酒場）で合唱するイングランド人の歓喜の表情が目に浮かぶようだ。

しかしこの「英雄キャプテン・カーク」は軍人ではない。戦争の経験はおろか、船上での経

験も皆無の商人の息子にすぎなかった。なぜそんな青二才が艦隊の指揮を任されるのか。現代人には理解しがたいところだが、要は当時の戦争は半官半民で成り立っていた。国家は自力で戦争を遂行するだけの財力がなく、商人に出資を求める。結果、軍事的には考えられない商人の要求が戦争に介入するのである。

デイヴィッド・カークが率いた艦隊のケベック遠征には、背後にスターリング伯ウィリアム・アレクサンダーがいた。当時はイングランドとスコットランドはチャールズ一世を頂点とした同君連合を組んでいた。アレクサンダーはスコットランド側の国務大臣で、イングランド王国の植民地活動に対抗して、スコットランド王国としての植民地経営のために尽力した人物である。彼は一六二一年に、ジェイムズ一世から現在のカナダのノヴァ・スコシア州、ニュー・ブランズウィック州、ケベック州の一部という広大な領域をニュー・スコットランドの名のもとに下賜されていた。一方フランス側は探検家として有名なサミュエル・ド・シャンプランが、紆余曲折を経ながらも一六〇八年よりケベックに入植していた。アレクサンダーにしてみれば今回の無思慮な対仏戦は、ニュー・スコットランド近辺からフランス勢力を一掃する好機だったのだ。

アレクサンダーは即座にロンドンの商人から出資を募り、それに応えた商人のなかにデイヴィッド・カークの父親のジャーヴェイズ・カークやそのビジネス・パートナーであるウィリアム・バークリーらがいたのである。彼らは艦船を準備、バラッドでは三隻になっているが、歴史書では三隻から六隻とぶれがある。そしてバラッドについた但し書きによれば、旗艦がアビゲイル号、あとの二艦はチャリティ号とエリザベス号だった。旗艦アビゲイル号には提督であるデイヴィッド・カークが、チャリティ号とエリザベス号には彼の二人の弟のルイスとトーマスがそれぞれ船長として乗船したはずである。艦隊はチャールズ一世より敵国船拿捕免許状を授かり、一六二八年の春に出航する。

一方フランス側はケベック植民地を増強するため補給艦隊を編成していた。一八七一年に出版されたヘンリー・カークの『イングランドによるカナダ最初の征服』の記述を信じるのであれば、補給物資に食糧、建築材、銃火器と弾薬、さらには砦に据えつけるための大砲百数十門を満載し、加えて甲板は移民団で混みあっていたという。艦隊はクロード・ロケモン・ド・ブリゾンを提督として一六二八年四月に出航したが、カーク艦隊の後を追う形になった。両提督とも、敵艦隊の存在は承知していたようだ。

ジャーヴェイズ・カーク親子やウィリアム・バークリーらは長年フランス産ワインを商ってきた商人だった。その彼らがこの話に興味を持った理由はネイティヴ・アメリカンとの毛皮取引にあった。商売の多角化の一環である。この時期はまだ彼らはタラ漁とは関わりを持っていなかったが、あるいはこの遠征の過程で、ニューファンドランドのアヴァロン半島東岸で運営されていたイングランド植民地に寄港した可能性は十分にある。だとすればカーク兄弟はそこでタラ漁の様子を見ていたはずだ。

いずれにせよカーク艦隊はノヴァ・スコシア半島に点在するフランスの入植地や漁船を掃討しながらセント・ローレンス川に侵入、ケベックの手前で停泊してニュー・フランス総督ミシェル・ド・シャンプランに降伏を勧告する書状を送る。しかしシャンプランは経験豊富な古狸である。至極丁重な言葉で、しかし断固たる意志を示して、これを拒絶した。実際にはケベックはかなり劣悪な状況にあった。砦に立てこもる住民は百名弱で、食糧は一人につき豆を一日に二百グラム弱、火薬の総量も二十キログラム強しか残されていなかった。つまり完全なはったり《ブラフ》だったのである。しかしシャンプランの名声や送り返されてきた書状の口調に惑わされたか、デイヴィッド・カークは一旦艦隊をセント・ローレンス川から引かせている。当然、所在の分からないフランス艦隊を警戒したということもあるだろう。河川のなかで挟撃されたら一たまりもない。

実際、フランス艦隊は河口に近いガスペー湾に停泊していた。そして七月の終わりに両艦隊は遭遇する。フランス艦隊は二十隻強の艦船からなるはずだが、バラッドでは「強力で背も高い四隻のフランス戦艦」ということになっている。あるいは輸送部隊であるフランス艦隊のなかで、実際に戦闘力を持っていたのはこの四隻だったのかもしれない。

バラッドでは、「激しい海戦」が「たっぷり十時間」続いたことになっている。しかし『イングランドによるカナダ最初の征服』によれば、「戦闘は短かったが断固としたものだった」。「フランスの提督の船に後方より近づいたデイヴィッド・カークは、一斉射撃ののち回り込み、引っかけ鉤を投げて敵船に乗り込んだ」。しかしロケモン提督は「足を負傷して戦うことができず、数名の船員が殺されたのち、残りは降伏した」。デイヴィッド・カークの二人の弟も一隻ずつ敵船を制圧し、他の船もロケモン提督の指示に従い降伏した。

フランス側の艦船が四隻だったとしても、補給部隊をまるまる鹵獲《ろかく》したとなると、たしかに大変な戦果である。しかもこれが初陣となればなおさらだ。カーク家は商人の一族だが、ルイスとトーマスは軍人の道を選んだ。この遠征の経験が影響したかもしれない。

しかし現代人には理解しがたいことが、この後二つ重なる。まず、後顧の憂いがなくなった今、いざケベックへ、と期待するわけだが、デイヴィッド・カークはそのままイングランドに帰還してしまったのだ。前述した通り、この遠征は商人が出資したもので、彼自身が商人である。ケベック征服はたしかに重要な戦略目標だが、戦利品の獲得もそれに勝るとも劣らない重要な目標だった。彼はいったん本国に戻り、投資の元を取ろうと考えたのだろう。

本国での歓待ぶりはバラッドからも想像できるが、フランス国王ルイ十三世の怒りも激しかった。王はカーク三兄弟を公敵と宣言し、弔いの鐘が鳴るなか彼らを模した三体の人形をパリの街じゅう引き回し、グレーヴ広場で観衆のヤジが飛ぶなか焼いたそうである。

予想外のことはもう一つある。この機会を利用してシャンプランは態勢を立て直したのだろう、とわれわれとしては思うのだが、実際にはケベック植民地はさらに痩せ細っていった。これが当時の植民地の実情だったのだ。カークはセント・ローレンス川から撤収するにあたり、一帯の食料や釣り船をすべて焼き払った。そうなると新大陸東北部の冬を越すことは難しい。交易相手のネイティヴ・アメリカンも当てにはならない。ここぞとばかりに足元を見て、ウナギ三尾の代価としてビーバーの毛皮一枚を要求したそうだ。あるいはいったん本国に戻ることを決めたカークは、これを見越していたのかもしれない。いずれにせよ、翌一六二九年七月、ふたたび現れたカーク艦隊に、ケベックはなすすべもなく降伏した。

しかしデイヴィッド・カークがシャンプランを捕虜として九月に本国に帰還したとき、国際状況は一変していた。イングランドとフランスのあいだに四月二十四日の時点で和議が成立していたのだ。しかもその日付以降に獲得した領土、戦利品もすべて返還することになっていた。つまりケベックの征服はなかったことになってしまったわけである。後知恵ではあるが、こうなるとやはり前年そのままケベックに突入していればと考えてしまう。

この状況にダメを押したのがチャールズ一世だった。和議を結んだといっても、遠い新大陸での話である。すっとぼけてそのまま居座るという手もないではなかった。エリザベス一世であればやりかねない。しかしチャールズ一世はきれいさっぱり返還することにこだわった。実は結婚して間もなく王妃の実家であるフランスとの関係が悪化したため、チャールズ一世は結婚持参金の半分を受け取っていなかったのだ。その半分と征服した領土を交換しようと考えたわけである。

あの時突入していれば、チャールズ一世に国家元首としての自覚がもうすこしあれば、そう思ってしまうのは、この戦争の直後の一六三〇年代には、イングランドから大量の入植者が新世界に渡るからだ。ニューイングランドだけでも、その十年で一万三千人強が移民し、それ以外の地域、ヴァージニアや西インド諸島、バミューダ諸島でも入植者の増大によりイングランドの植民地が急速に拡大していく。この移民増大の背景にはチャールズ一世のピューリタンへの弾圧があるわけだが、皮肉にもこのことが植民地でのイングランドの強みになった。新大陸での英仏の抗争史においては、住民の数で圧倒するイングランド植民地が常に優位にたち、フランス植民地はネイティヴ・アメリカンと同盟して防戦するしかなかった。そして新大陸での戦闘と連動して行われたヨーロッパでの戦線で、フランスが陸軍の力で圧倒、最終的には和議でそれぞれの占領地を交換するというパターンが続く。

つまりケベックにすら百名弱の入植者しかいなかった一六二九年の時点であれば、フランスの勢力を新大陸から一掃するのが容易であったというだけでなく、直後に続く大量の移民がケベック周辺にも入り込み、フランスも簡単には手が出せなくなるほどしっかりした植民地を築くことができる可能性は十分あっただろう。そうすれば、その後の新大陸の歴史は今とは相当異なるものとなったはずだ。もちろん後知恵である。もしチャールズ一世にそうした視点でデイヴィッド・カークの戦果を眺める見識があったなら、そもそもピューリタンの弾圧などしなかったかもしれない。

しかしシャンプランは事の顚末をどう眺めたのだろう。最終的にケベックが返還されたとはいえ、新大陸の探検家、植民地の建設者として高名な彼が、名もない商人の小倅《こせがれ》にしてやられたのだ。手記である『シャンプランの航海』のなかで、彼はジャック・ミシェルという「裏切者」の存在に言及している。フランス海軍出身で「真なるキリスト教徒」ユグノーである彼は、カーク艦隊の水先案内人を務めただけでなく、戦闘の助言もしたそうだ。しかしデイヴィッド・カークを個人的には嫌っており、こんな悪口を言っていたと紹介している。

ジャック・ミシェルはカーク将軍の鼻持ちならない傲慢な態度にも文句を言っていた。カーク将軍は以前はボルドーやコニャックのたんなるワイン商人で、ミシェルが宣言するには、海について無知なことは周知のことだ。航海経験もなく、今回の二度の遠征が唯一の経験だ。だというのに自分のことをよく知らない人間には、あたかも自分が航海のすべてを知っているかのように、自慢げに話すのだ。

この言葉はどこまでがジャック・ミシェルの言葉で、どこまでがシャンプランの本音だっただろうか。

一六二九年、父親のジャーヴェイズ・カークが亡くなり、デイヴィッド・カークはウィリアム・バークリーら父の仲間たちのビジネス・パートナーとなる。そして一六三一年、ケベックでの戦功を認められ、チャールズ一世よりナイトに叙せられている。

6　三角貿易の支配者

デイヴィッド・カーク卿らが新たな植民地計画を携えてチャールズ一世への働きかけを始めたのは、ちょうどこの頃である。発案自体はおそらくカークや彼のパートナーであるウィリアム・バークリーらのものだろう。しかしチャールズ一世への取り次ぎとして働いた廷臣たちの顔触れがすごい。スコットランド貴族のハミルトン侯爵はスコットランド問題におけるチャールズ一世の顧問だった。ペンブルック伯爵は芸術家のパトロンとしても有名だが、ジェイムズ一世、チャールズ一世と二代にわたる国王から寵愛を受け、枢密院の重鎮だった。そしてホランド伯爵は植民地への投資で有名なリッチ一族の一員である。

デイヴィッド・カーク卿のニューファンドランド総督としての業績については、ジリアン・T・セルの『ニューファンドランドにおけるイングランドの事業——一五七七年—一六六〇年』とピーター・E・ポープの『魚からワインへ』に詳しいので、ここからはおもにこの二つの文献を参照しながら話を進めていく。

デイヴィッド・カークやウィリアム・バークリーらはロンドンを拠点としているが、地中海交易の独占権を持つレヴァント会社や、あるいは東インド会社に所属する特権商人というわけではない。その彼らがこうした大物の廷臣たちと近づくことができたのも、バラッドに謳われたカークの武勇があったからこそだろう。一六三七年十一月、チャールズ一世はハミルトン侯爵、ペンブルック伯爵、ホランド伯爵、デイヴィッド・カーク卿の四名に、ニューファンドランド全島を下賜する。特許状ではニューファンドランド会社、また同社から土地の所有権を購入したものたちの存在はまったく無視されていた。

もともとフランスワインを扱っていたデイヴィッド・カークとその仲間たちは、一六三〇年代にはスペイン産のサック酒に鞍替えし、サック・シップの三角貿易にすでに参入していたようだ。一六三三年、デイヴィッド・カークの弟のジョン・カークがロンドンに到着したアミティ号から、サック酒であるマラガ産ワインの大樽七十七本を受け取った記録がある。これがもし三角貿易の一環であり、しかも彼らが三角貿易に参画したばかりの取引だったとすれば、植民地化のロビー活動の始まりと三角貿易への参入は同時期ということになる。いずれにせよ以前のニューファンドランドの植民地化計画よりも、ずっと具体的なイメージと準備をもって計画を立てることができたはずだ。

デイヴィッド・カーク卿らが植民地建設で狙ったのは、漁業それ自体よりも、漁業をも内包する三角貿易での優位な立場を確立することだった。チャールズ一世の特許状のなかで、特許権所有者は、ニューファンドランドで漁をする外国人（おもにフランス人）、魚の交易をする外国人（おもにオランダ人）からそれぞれ五％の税を徴収できることになっていた。彼らがそれを払えば、それだけでもかなりの収入になる。彼らがこれを嫌ってイングリッシュ海岸から離れるなら、その穴を自分たちで埋めることができるわけだ。特にオランダ商人のサック・シップを締め出して三角貿易を独占することができれば、大変な利益になる。そしてこれが実現すれば、プア・ジョンの買値を操作することも可能になるだろう。

しかし当然この項目は、特許が正式に下賜される前の段階で、自由競争を旨とするウェスタン・アドヴェンチャラーからの激しい攻撃にさらされた。そこでデイヴィッド・カーク卿らは彼らと交渉、漁業の完全な自由を約束することに加えて、過去七年間外国人が通常購入していたのと同じ量のプア・ジョンを必ず買い上げることで話をつけた。ピューリタン革命前夜である一六三〇年代には、議会がチャールズ一世との関係が悪化して停止状態になっていた。そのためウェスタン・アドヴェンチャラーは国内の同盟者たちの力を庶民院で結集することができなかった。そのことが、この妥協に影響したかもしれない。

五％の徴税の効果は絶大だった。一六三八年、デイヴィッドの弟で軍人となったルイス・カークが二百六十トンのフランスバスク人の漁船に徴税し、加えて小型船までせしめている。さらに百四十トンのオランダのサック・シップからも五十ポンド徴収した。オランダ商人たちは初めのうちはおとなしく徴税に応じていたが、これでは儲けにならないと判断したのか、やがて姿を消していく。そして一六三九年、カーク卿は枢密院に送った文書のなかで、「最近ニューファンドランドでの交易を、オランダからすべて獲得した」と高らかに勝利を宣言している。長年続いたオランダによる三角貿易の支配を、ついに覆したのだ。

ステージの場所取りをめぐる漁民と入植者の諍いについてだが、特許状では、イングリッシュ海岸の浜から六マイル以内で建物を建てたり木を伐採したりしてはならないという禁止事項があった。しかしこの禁止事項が守られるとはウェスタン・アドヴェンチャラー側も信じてはいなかっただろう。特許状には同時に、海岸に「漁業を守るための要塞を建てる」ことを入植者に認めていた。つまりそれが要塞だと言い張れば、ステージだろうと家屋だろうと建てて問題がないわけだ。実際デイヴィッド・カーク卿は百名の入植者を引き連れイングリッシュ海岸南部にあるフェリーランドに入植しているが、誰もが浜辺近くに居を構えている。うやむやになったのはこれだけではなかった。オランダ商人を排除したあとのプア・ジョンの買い上げについての取り決めも同様だった。しかしこれは、デイヴィッド・カークが騙したというわけではない。一六四二年、イングランドでついに内乱が始まったのだ。イングランド南西部の港湾都市は戦場となり、漁業どころの騒ぎではなくなってしまった。この内乱がデイヴィッド・カークにとって天恵だったことは言うまでもない。本国の漁業は低迷する。一六三四年には三百四十隻のイングランド漁船がニューファンドランドで操業していたが、それが一六四四年には二百七十隻、一六五二年には二百隻へと減少する。しかも品薄が原因で、スペインのタラ価格が暴騰したのだ。

しかしこれだけではない。本国の機能が麻痺しているあいだに、デイヴィッド・カークはニューイングランドやヴァージニア、西インド諸島など、他の植民地との交易を強化し、旧世界と新世界との中間にあるというニューファンドランドの地理的特性を利用して、この島を両世界の中継貿易の拠点へと発展させていったのだ。

デイヴィッド・カーク卿のこの鮮やかな成功は、彼の十年前のケベック陥落の功績と通じるものがある。三角貿易で重要になるのは、三つの角となる港湾都市、地域での人脈である。これがしっかりしていなければ、サック・シップの船倉一杯の商品を安定して確保できない。ロンドンを拠点として長年ワイン商人をしてきたカーク一党にしてみれば、ロンドンとワインの産地であるイベリア半島にはそれなりの人脈があっただろう。一番弱かったのはニューファンドランド、つまりそこで漁業を支配するイングランド南西部での人脈だった。

それまで植民地に投資してきた特権商人たちとは違って、デイヴィッド・カーク卿は総督としてニューファンドランドに自分自身が赴く。つまり自分の一番の弱点に自ら飛び込んだのだ。これは彼の人となりを物語っているかもしれない。一六二八年にケベックに遠征したときも、彼は一路ケベックを目指した。フランスの補給艦隊との海戦でも、ロケモン提督の乗船する敵旗艦を自ら強襲した。彼のことを「傲慢」と評したおそらくシャンプラン自身の言葉は、彼のこうした大胆な性格の一面を捉えていたのかもしれない。

7　商人と革命

ヴァージニア会社にしろニューファンドランド会社にしろ、ジェイムズ一世から特許を受けたこれらの株式会社《ジョイント・ストック・カンパニー》は、どちらも植民地経営に失敗して消滅している。これは、たとえばニューファンドランド会社にとってのウェスタン・アドヴェンチャラーとの対立のような、それぞれに特有の原因だけの問題ではなく、両者に共通したずっと大きな原因が背景にある。

投資の中心である特権商人たちが、性急に利益を求めすぎたのだ。

植民地経営などというものは、入植者の生活が安定しなければ利益が出ない。そして生活が安定するまでは、入植者の食料やインフラの建設などで出費ばかりがかさんでいくものだ。官民共同出資で行われた当時の戦争の不純さを思い起こしてほしい。植民地経営の現実も、国家の大計とは程遠いものだったのだ。短期間で期待通りの利益が得られないと分かると、特権商人らは新大陸の植民地経営自体に興味を失い、手を引いてしまう。特権を持つ彼らは、成熟した市場で成熟した産業の製品を商う機会に恵まれていた。確実な投資先に資本を回したのである。

『商人と革命』のロバート・ブレナーによれば、このお陰で特権商人が要求していた植民地の交易の独占体制が消失し、彼らに財力で劣る商人や商店主、製造業者、あるいは入植者といった新参者に、新大陸貿易に投資するチャンスが巡ってくる。新大陸の植民地はこうした弱小資本家たちの手によって発展していくのだ。ロバート・ブレナーはこうして生まれた新大陸の貿易商人たちを「新商人《ニュー・マーチャント》」と呼んでいる。そしてその彼らが本国のピューリタンや共和主義者と結びついて、ピューリタン革命を推進する大きな原動力の一つになったとしている。

ブレナーの理論に従えば、デイヴィッド・カーク卿も「新商人」ということになる。彼はロンドンを拠点としていたが、特権商人というわけではない。そして特権商人たちが手を引いたあとのニューファンドランドでチャンスを物にしている。事実、ブレナーはデイヴィッド・カークのビジネス・パートナーであるウィリアム・バークリーを「新商人」として扱っている。しかし、ピーター・E・ポープが『魚からワインへ』のなかで指摘していることだが、ブレナーはカーク家の人間については、バークリーの出自の説明をする注釈のなかで、一六二八年のケベック遠征にともに出資したデイヴィッドの父親のジャーヴェイズについて触れているだけだ。

ブレナーは八十二名の商人を「新商人」として拾いあげ、彼らのピューリタン革命での政治的立場を紹介している。その八十二名のうち王党派は一名だけで、議会派が二十六名、情報なしが五十五名になる。しかしポープの言う通り、デイヴィッド・カーク卿や、あるいはその弟のジョンやジェイムズまでここに入れれば、この割合はかなり変わってくることになる。カーク兄弟は全員が王党派だった。軍人となったルイスも王党派として戦っている。一六四九年、デイヴィッド・カーク卿はチャールズ一世からの懇願の手紙とともに、フランシス・ホプキンス夫人を政治難民としてフェリーランドに受け入れている。彼女はチャールズ一世が囚われて裁判にかけられるまでのあいだ、ワイト島の自宅を監禁場所として提供して王をもてなしたウィリアム・ホプキンス卿の妻だった。そしてデイヴィッド・カークの妻、サラ・カークの姉妹でもある。加えて、カークは宗教的にもピューリタンではない。それどころか、イングランドのピューリタン弾圧の中心にはカンタベリー大主教のウィリアム・ロードがいるが、彼はそのロードとも親交を持っていた。

一方ビジネス・パートナーのウィリアム・バークリーはというと、これはブレナーが言うところの典型的な「新商人」である。ヴァージニアやニューイングランドなど、新大陸で交易の幅を広げたのはデイヴィッド・カークと同じだが、内乱の当初から議会派として活動し、一六四三年には議会派が海軍を維持する資金を調達するために設立した関税委員会に籍を置いた。そして一六四九年、ニューファンドランド植民地の特許を得るためにかつて行動を共にしたハミルトン公爵（かつての侯爵）とホランド伯爵が反革命罪で裁判にかけられたおりには、彼らに死刑を言い渡した判事たちの一人だった。ところがその間も、カーク一族とはいくつかの仕事でパートナーとして働いている。

つまりデイヴィッド・カークは、歴史の歯車の奇妙な廻りあわせで、いつの間にやら時代の流れに逆行してしまっていたのだ。いつの時点からだろう。ケベックを陥落させた時からだろうか。おそらくあの武勇があったからこそ、デイヴィッド・カークは宮廷に直接の足掛かりを持ち、国王側の人脈のなかで商売を広げていくことができた。これは他の「新商人」にはない強みだった。国王とつながっていたのは特権商人たちで、その独占権に対抗するために「新商人」は議会派とつながっていくのだ。

しかしそれだけではバークリーの説明ができない。バークリーも同じ人脈を持ちながら、議会派でもあった。あるいはデイヴィッド・カーク卿の国王への忠誠心がとりわけ強かったのだろうか。しかし彼は特許を受ける見返りとして、国外の漁船、商船への例の五%の税金のうち、一割をチャールズ一世に上納することになっていたのだが、それを一銭も入れていない。あの当時のチャールズ一世の財政難は誰の目にも明らかだったのだ。とにかく王党派であった、このことだけがその後の彼の運命を決めてしまった。そしておそらくは、その後の彼の歴史的な評価にまで影響してしまったのだ。

「新商人」は特権商人の独占体制が消失したおかげで、経済的に成功することができた。その後も、たとえば東インド会社内の特権商人による独占的な体制を攻撃してきた。そのため、ウェスタン・アドヴェンチャラーほどでないにしても、自由競争を強調する面がある。もっとも、自分たちが植民地経済を掌握すると、他の入植者たちのさまざまな自由を抑圧する側に回り、そのせいでニューイングランドを除くほとんどの植民地が王党派についてしまうのだが。

しかし一六四八年、八十年にわたって戦われてきたオランダのスペインに対する独立戦争が終結する。今までも何度かオランダの優位性については触れてきたが、あれはみな、独立戦争の片手間に実現したことなのだ。あるいは商売の片手間に独立戦争をしていたと言うべきか。そのオランダが、いまや全精力を国力の拡大に投入することができるようになったのだ。そのことが「新商人」たちに与えたインパクトは大きかった。それこそ、彼らの経済哲学を覆すほどに。

ピューリタン革命の最中に、イングランドは同じ新教国のオランダと第一次英蘭戦争(一六五二〜五四)を戦っている。このことを不思議に思う読者もいるかもしれない。しかし英蘭戦争の引き金になった一六五一年の航海条例は、ブレナーによれば革命政府に強い影響力を持つ「新商人」たちの働きかけがあって成立したという。イングランドとその植民地への輸入をイングランド船籍の船だけに限り、ヨーロッパからの輸入に関してだけ、その商品の生産国の船による輸入を認めたこの条例は、中継貿易で優勢なオランダを狙い撃ちにしたものだ。実際、講和条約が結ばれる前年にオランダとスペインの通商停止状態が解除され、それ以降わずか数年でオランダ商船は、地中海世界やイベリア半島、西インド諸島、新大陸本土でイングランド商船を圧倒する。ニューファンドランドにまで彼らは舞い戻ってきたのだ。

つまりこの時代、デイヴィッド・カークが過去十年間で採ってきた対オランダ政策は、革命政府の政策と、ウェスタン・アドヴェンチャラーの自由競争の理念よりも相性が良かったのだ。彼が王党派でさえなければ、ニューファンドランド植民地と革命政府との関係はずっと良好だったはずだ。カーク卿も総督の地位を解かれることなく、さらなる業績を積み上げていただろう。

8　サラ・カーク

一六五〇年、デイヴィッド・カークは本国に召還される。罪状は、例の五％の税金のうち、国王への一割の上納を怠っていたこと、それに加えて、特許のパートナーだった大貴族たちの取り分まで着服したことだ。このこと自体は経済的な問題だが、しかしウェスタン・アドヴェンチャラーのなかには当然彼のことを快く思っていないものがいた。プリマスの議会派の商人が一六五〇年に革命政府に送った嘆願書の言葉で言えば、彼は「今の国家、現行政府に対する、悪逆かつ常習的な周知の敵」だったのだ。

革命政府は明らかにデイヴィッド・カークに対して敵対的だった。一六五一年、彼が撥ねた上前を回収すべくニューファンドランドに調査委員会を送っているが、その委員のうち何名かはカークと以前揉めたことがある人物だった。なかでもウォルター・サイクスはかつてカークを訴えたことがあり、サイクスが委員に選出されたことを、カークは猛烈に抗議してもいる。そしてそれ以降のイングリッシュ海岸の植民地の管理は、委員会のリーダーであるジョン・トレウォルギーに委ねられた。

しかしカークのほうもこうなることは予測していたようで、自分の資産を隠してしまっていたようだ。委員会が彼の資産を調査したのだが、肝心の帳簿がなく、入植者や漁業関係者からの証言だけに依拠したものなので、その調書をどこまで信じていいのか分からない。『魚からワインへ』のピーター・E・ポープの試算では、外国の漁船、商船からの徴税で年間千五百ポンドから二千ポンド、入植者への地代やタバーン経営のライセンス料、本国から来た漁船から徴収したステージの所場代などをひっくるめて千二百ポンド、これに加えて、塩や酒類の植民地内での販売を独占し、高値で売っていたようだ。だがそれ以上のことは分かっていない。彼の財力を判断するうえで一つの材料になるのが、彼が一六五二年に支払った保釈金の金額だ。四万ポンドになる。これは現代の円に直せば、おそらく三億から四億になる。

デイヴィッド・カークは釈放される。仮差押えになっていた所有地も、科料を払うことで取り戻した。しかし彼の運はもう尽きていたようだ。一六五四年には再びロンドンの牢獄にいた。今度はボルティモア男爵セシル・カルバート卿に訴えられたのだ。

デイヴィッド・カーク卿が拠点としていたフェリーランドは、もともとはセシル・カルバート卿の父親ジョージ・カルバート卿がニューファンドランド会社から又買いした土地だった。最終的にはカルバート卿の植民地経営は失敗するが、それまでに相当な資金をフェリーランドにつぎ込んでいた。石造りの屋敷や埠頭、倉庫類など、デイヴィッド・カークがこの地を拠点に選んだのも、そうした充実したインフラが理由だと考えられている。

問題は、父親のあとを継いだセシル・カルバート卿が、フェリーランドを完全に放棄していたわけではなかったことだ。そこにある立派な石造りの邸宅に管理人を残していた。ところがデイヴィッド・カークはチャールズ一世からの勅許をたてに、その管理人を追放して邸宅を自分の住居として接収してしまったのだ。カルバート卿はここがカークの弱り目と踏んで、その時の恨みを晴らそうとしたわけである。訴訟自体は失敗に終わるが、調査のためにデイヴィッド・カークは再びロンドンに召喚される。そして一六五四年、そこで彼は獄死する。シャンプランが「傲慢」と評したその性格が、この結末の遠因と言っていいだろう。

普通であれば、ニューファンドランドでのカーク家の物語はここで終わっていたかもしれない。しかしデイヴィッド・カークには優れた妻がいた。サラ・カークである。一六五〇年に夫がイングランドに召喚されて以来、サラは夫の事業を引き継いだ。しかしそれだけではない。ピーター・E・ポープは、その後の政治的難局を切り抜けるだけの才覚がサラにはあったと考えている。

革命期のカーク家は政府の監視下にあった。しかし彼らの苦境は王政復古以降も続く。一六六〇年、チャールズ二世が戴冠すると、サラ・カークは即座に新王に手紙を認め、亡き夫の父王チャールズ一世への忠誠を訴えて、息子のジョージ・カークに父親と同様の総督の地位を賜るよう嘆願する。しかしカルバート卿も同時にイングリッシュ海岸があるアヴァロン半島の権利を主張、チャールズ二世の廷臣たちはカルバート卿に好意を示し、ついに父親の失地を回復する。

　もしかしたらこうした逆境への対処は、攻撃的なデイヴィッド・カークよりもサラ・カークのほうが向いていたのかもしれない。フェリーランドへの父親の投資の実績を声高に主張するカルバート卿に対して、カーク家の投資の実績を訴えた記録はほとんど残っていない。ポープはこの沈黙を、サラの意図的な「非対決戦略」だと考えている。いわゆる音なしの構えだ。

たしかにこれは妥当な推測かもしれない。ボルティモア男爵ジョージ・カルバートはニューファンドランドでの植民地経営には失敗するが、息子のセシルはチャールズ一世から代わりにメリーランド植民地の特許を得ている。しかし本人は新大陸に渡ることなく、イングランドから植民地の管理をしていた。自分の役割は宮廷政治に目を配ることと割り切り、実際の経営は経験のある代理人に任せたほうが得策と判断したのかもしれない。しかし総督として現地に赴いたデイヴィッド・カークを妻として支えてきたサラの目に、イングランドを離れることのない名ばかりの「総督」がどれほどの脅威と映っただろうか。デイヴィッド・カークが同僚である大貴族たちの取り分を着服できたのも、現地に大貴族たちがいなかったからだろう。宮廷での政治力を持つボルティモア男爵と無理に対決するよりは、「総督」に地代を収めたほうが現実的な対応と考えた可能性はある。

一六五九年、ピューリタンの聖職者リチャード・ブリンマンがフェリーランドに滞在し、その時のサラ・カークの歓待ぶりをニューイングランド総督ジョン・ウィンスロップに手紙で報告している。「人々が近隣の港々から神の言葉を聴くために集い、熱心に耳を傾けていた」。サラの信仰については記録はないが、前述した通り、夫のデイヴィッド・カーク卿は国教会の信徒だった。そのことを考えれば、これも彼女の現実的な対応だったのかもしれない。そしてそれは少なくともブリンマンには好印象を残したようだ。

一六七〇年代に入ると、海軍がニューファンドランド植民地の国税調査を始める。一六七五年の記録によれば、サラ・カークは五艘のボートを所有し、二十五名の漁師を雇っていた。五艘というのは、一般に漁船一隻が所有するボート数になる。イングリッシュ海岸でこの規模で操業する入植者は上位の一握りだけだった。息子たちもフェリーランドや近隣の港で操業し、カーク一族全体のボート数は十七艘、八十一名の漁師を雇っていた。デイヴィッド・カーク卿の存命中、一六五〇年代初めのボート数は最低でも三十艘だったことを考えれば、確かに勢力は衰えてはいるが、それでも堂々たる規模である。一六八〇年の記録では、デイヴィッド・カークの息子のジョージ・カークは、イングリッシュ海岸で「位の高い有能な人物」四名の一人に数えられていた。サラは生き延びることができたのだ。

ちなみに、デイヴィッド・カークの母親のエリザベスも、夫のジャーヴェイズが亡くなったあと、自分の口座でワインの取引を行っていた。この時代、こうした女性はけっして珍しいわけではなかった。特に植民地においてはそうした事例は多い。あるいはそうした有能な女性を妻に迎えるのが、カーク家の家風だったのかもしれない。それとも、母親のような女性をディヴィッド・カークが求めたということだろうか。

第七章　ニューイングランド漁業

1 ジョン・スミスとニューイングランド

今までも何度か言及してきたヴァージニア植民地のジェイムズタウンだが、設立当初は惨憺たるありさまだった。食料不足や執行部の指導力不足が原因で無秩序状態に陥ったのだ。そんななか、一六〇八年、植民地議会で議長に選出され、強力な指導力で植民地を健全な状態へと導いたのがジョン・スミスである。彼は新約聖書にある「働かざる者食うべからず」という言葉を標語として掲げ、しっかりとした家屋や要塞を建設して井戸を設置、入植者の死亡率を劇的に改善する。しかし一六〇九年に火薬の爆発事故が原因で負傷、イングランドへの帰国を余儀なくされた。その後ジェイムズタウンはふたたび無秩序状態に陥ってしまう。

このヴァージニア植民地時代に、その地域を支配していたネイティヴ・アメリカンであるパウハタン族の酋長パウハタンとスミスとのあいだには協力関係があった。このパウハタンこそ、ディズニーアニメにもなったポカホンタスの父親で、ジョン・スミスもその作品に登場している。しかしアニメでの描かれ方がどうあれ、スミスは十代の半ばから戦場を転々としてきた歴戦の勇士である。ヴァージニア会社はネイティヴ・アメリカンとの関係について、ウォルター・ローリー卿以来の融和策を指示したが、スミスはその指示に従わなかった。もちろん新しい環境で生き延びるためにネイティヴ・アメリカンの知恵を積極的に取り入れるだけの柔軟性を持っていたが、交渉事については徹底的にタフな態度で臨んでいる。若いころから戦場で生きてきた彼は、ネイティヴ・アメリカンとの関係についても支配するかされるかだという意識を持っていたようだ。

ポカホンタスはヴァージニアにタバコ栽培を導入したジョン・ロルフと結婚、一六一六年にはイングランドに渡り、ジェイムズ一世に謁見している。その際にジョン・スミスはアン女王にポカホンタスを手厚くもてなすよう懇願する手紙を書いている。ジョン・スミスがパウハタンに捕まった際、ポカホンタスに命を救われたという逸話がはじめて披露されたのはこの時だ。しかし彼はその事件があったとされる一六〇八年以降、『本当の関係』(一六〇八)、『ヴァージニアの地図』(一六一二)とヴァージニア植民地に関する二冊の書籍を出版している。ところがそこには、父親のパウハタンとの出会いについては書かれているが、ポカホンタスに助けられたという件は記されていない。「真相」を明かすまでのこの十年近くのギャップが原因で、十九世紀半ばにポカホンタスに関する件だけでなく、ジョン・スミスの著作全般に対する疑念が沸き起こり、いつしか彼はとんでもないほら吹きという評価が定着していった。

たしかにほら吹きと思いたくなるほど、ジョン・スミスの著作のなかから拾い上げた彼の人生は波乱に富んでいる。異民族の女性から窮地を救われたなどという経験は一度だけでも衝撃的なのだが、彼の場合はポカホンタス以前にもそうした経験をしているのだ。一六〇二年にはトランシルヴァニアでトルコ軍の将校三名から一騎打ちを挑まれ、その三名の首を刎ねている。この功績で彼はトランスヴァニア公ジグムンド・バートリから騎士に叙せられ、紋章にはトルコ人三名の首を刻んだ。しかし同年、負傷して捕虜となり、奴隷としてトルコ人に売られてしまう。そのトルコ人は彼をギリシア系の恋人カラッツァ・トレイガバイグザンダ（Charatza Tragabigzanda）への贈り物として、彼女のいるイスタンブールに送るのだが、その彼女がジョン・スミスと恋に落ちてしまい、彼女は彼を黒海付近にいた兄弟のもとに送って、そこで彼は「言葉とトルコ人の何たるかを学ぶために滞在した」。トルコではクリスチャンでもイスラム教に改宗すれば出世の道が開けるため、おそらく彼女は彼と結婚するための条件を整えようとしたのだろう。ところがジョン・スミスは彼女の兄弟を殺害、ロシアからポーランド、そしてヨーロッパを通り抜け、北アフリカへと渡っている。ヴァージニアに彼が向かうのはその後の話である。

こう経歴を書くと、相当の荒くれ者を想像させてしまうかもしれないが、ジョン・スミスは出身家庭こそ自作農であるヨーマンだが、その一族はウィロビー・デ・エリスビー男爵家の重臣たちと婚姻関係にある名士といっていい家柄だった。本人も一族のものが校長を務めるグラマー・スクールまで進んでおり、つまりシェイクスピアと同じ程度には教育を受けていた。彼は植民地に関して多くの著作を残しており、それも彼が受けた教育のおかげといっていい。もちろん、だからといって信頼の保証になるというわけではないのだが、ポカホンタスをはじめとしたジョン・スミスの私生活に関しては、何分資料が彼が書いた著作や手紙以外にはないため、どちらの側に立っても結局は水掛け論になってしまう。しかし彼が残した植民地に関する記述や地図はかなり緻密なもので、現代では彼の評価の見直しが進み、彼の著作物も当時の新大陸の風俗を知る重要な文献として扱われている。

話をタラに戻そう。『ヴァージニアの地図』を出版後、彼はニューファンドランド漁業の出資者であるウェスタン・アドヴェンチャラーからの後援を受けて、ニューイングランドの探検に出かける。そもそも、この「ニューイングランド」という地名自体、彼がその時の探検をもとに執筆した『ニューイングランドの解説』(一六一六)のなかではじめて使った言葉で、この書籍にはニューイングランドの詳細な地図が掲載されている。面白いのは、「ニューイングランド」以外で彼が命名した地名のほとんどが、チャールズ皇太子と相談した結果、変更されていることだ。とくに目を見張るのはケイプ・トレイガバイグザンダである。トルコで自分を奴隷の身分から解放してくれたというのに、逃走するためにその兄弟を殺害した女性の名前を新大陸の地名に使うその神経は、たしかに尋常ならざるものを感じる。しかもこの岬は彼自身、ニューイングランドの「主要な岬はケイプ・トレイガバイグザンダとケイプ・コッドだけである」と解説するほど、目立った地形である。この地名は女王の名前にちなんでケイプ・アンという何の変哲もないものに変えられてしまった。また、ケイプ・コッドに関しては、一六〇二年の探検でバーソロミュー・ゴズノルドが命名した名称をそのまま継承したのだが、国王の名前にちなんでケイプ・ジェイムズに変更された。しかし漁民たちはタラの優れた漁場であるこの岬を、以降もケイプ・コッドと呼び続けた。

面白い逸話があまりに多いためについつい忘れてしまいがちだが、ジョン・スミスの歴史的な意義は植民地の詳細な情報を分かりやすく同時代人に伝え、植民活動のプロパガンダを行ったことだろう。イングランドではちょうどピューリタンへの締め付けが厳しくなりつつあった。彼らは新大陸をその弾圧から逃れるための手段と見なしたわけだが、その彼らが参考にしたのが、ジョン・スミスの『ニューイングランドの解説』だったのだ。

2　一六〇〇年目の奇跡

ニューイングランドのタラは冬になると産卵のために岸に近づいてくる。ニューファンドランドやその南方に広がる「バンク」と呼ばれる浅瀬でのタラ漁は晩春から夏にかけてがピークになるが、ニューイングランドでは冬にタラ漁が可能だった。ジョン・スミスの『ニューイングランドの解説』には、ニューイングランドでのタラ漁に関して、そこで獲れる百尾は（身が大きいため）「ニューファンドランドで獲れる二、三百尾に匹敵する……。しかも、ニューファンドランド産のタラが市場に出回るまえに、諸君が望む市場で売ることができる。というのも、ニューファンドランドではタラ漁ができるのは主として六月と七月だけだが、ここでは三月、四月、五月、九月、十月、そして十一月にも漁ができるからだ」。このことに加えて、霧の多いニューファンドランドやノヴァ・スコシアに比べて、ニューイングランドは冬のあいだ、気温も低いうえに日照量も豊富で、干物を作るうえでも有利だった。

メイフラワー号がニューイングランドのケイプ・コッドに到着したのは一六二〇年十一月二十一日だった。いわゆるピルグリム・ファーザーズの当初の目的地はニュー・プリマスではない。現在のニューヨークのハドソン川の河口付近に植民しようと考えていたのだが、航海中に嵐に見舞われ、航路を大きく外れてしまったうえ、今からハドソン川河口に向かうのは危険だとの船長の判断から、ケイプ・コッドに留まって周辺を探索、最終的にニュー・プリマスを定住地に選択した。メイフラワー号が出港した港がイングランド西部地方にあるタラ漁で中心的な漁港の一つであるプリマスであったことは、たんなる偶然に過ぎない。ただ、ピルグリム・ファーザーズたちは自分たちが選択した土地が「ニュー・プリマス」という地名であることは、彼らが参考にした『ニューイングランドの解説』の地図により知っていた。そして彼らがこの地名をそのまま使い続けたのは、出航した港の名前と同じ地名を持つ場所に辿り着いたことになんらかの縁を感じ、イングランドのプリマスからの援助を期待してのことだった。

したがって彼らはまったくの偶然で沿岸にタラが豊富にいる地に植民しておきながら、飢えに悩まされたのだ。しかも、この地が植民にうってつけである理由は他にもあった。数年前、おそらくヨーロッパからの航海者が広めてしまった疫病が原因で、この地に住んでいたパタクセット族が絶滅し、彼らが耕したトウモロコシ畑がそのまま残っていたのだ。彼らもこれほど恵まれた土地で飢えたことには忸怩たるものがあったのだろう。後にプリマス植民地の総督にもなったエドワード・ウィンズローは、自分たちのふがいなさについてこう言い訳をしている。

近くの入り江や小川はバスその他の魚であふれていたというのに、ぴったりのしっかりした引き網その他の網がなかったため、たいていの場合それらの魚は網を破って、網ごと持ち去ってしまうのだ。しかも海にはタラがあふれていた。それでもわれわれの小型の帆船には、索具も綱もなかった。そして実際、もし手で獲ることのできるいろいろな貝がいる場所にいなかったら、神が食料のために、なにか測り知れない、尋常ならざる手段を講じない限り、我々は死に絶えていたはずだ。『プリマス植民地のピルグリム・ファーザーズの記録一六〇二―一六二五』)

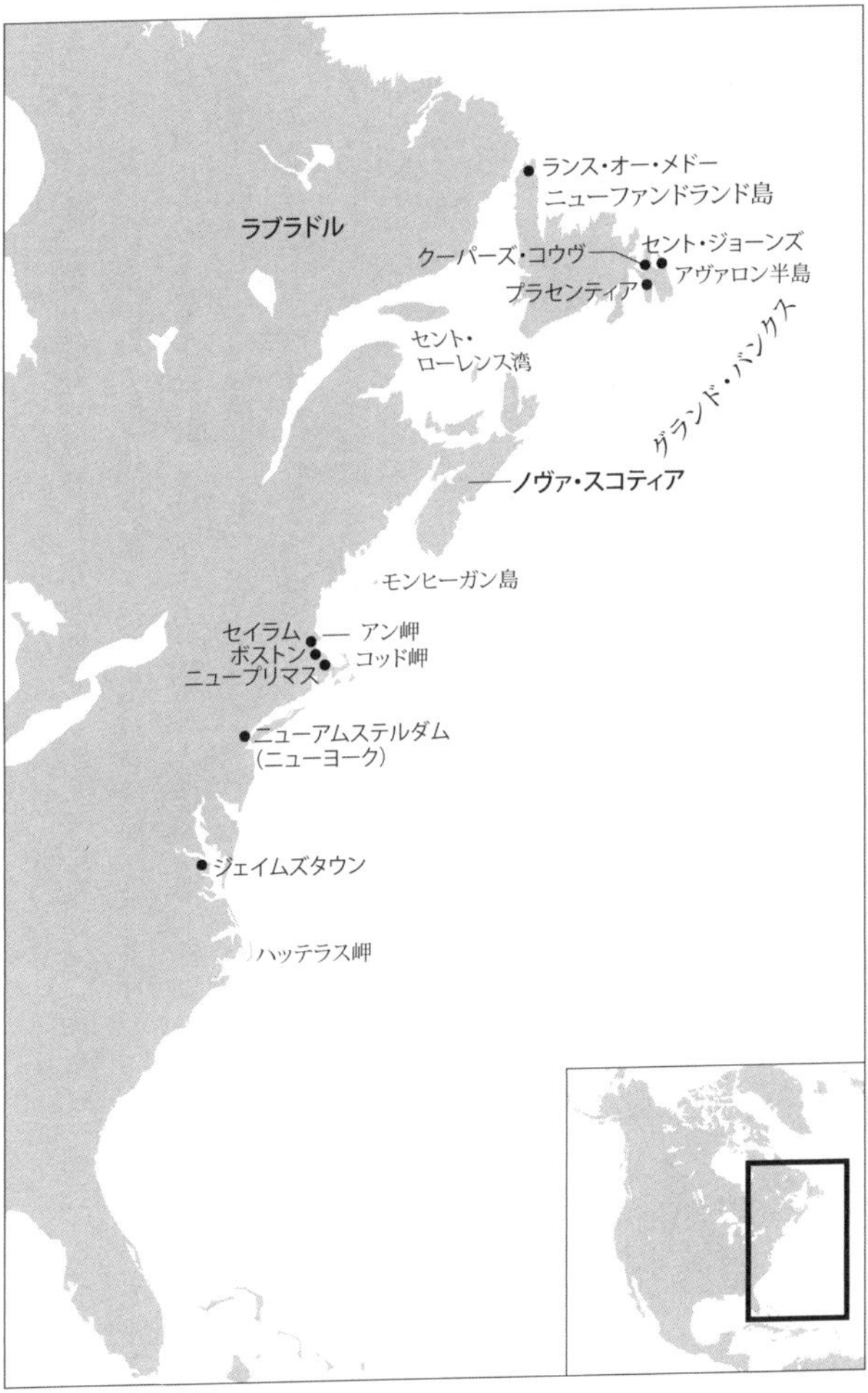
ランス・オー・メドー
ニューファンドランド島
ラブラドル
セント・ジョーンズ
クーパーズ・コウヴ
アヴァロン半島
プラセンティア
グランド・バンクス
セント・
ローレンス湾
ノヴァ・スコティア
モンヒーガン島
セイラム
アン岬
ボストン
コッド岬
ニュープリマス
ニューアムステルダム
（ニューヨーク）
ジェイムズタウン
ハッテラス岬

北アメリカ大陸東岸

というわけで、篤い信仰心以外に何一つ持ち合わせていなかった彼らは、植民してからしばらくのあいだ、豊穣の地で恒常的に飢えに苦しむことになる。最悪だったのは上陸したその年の冬だった。そもそも上陸した季節が冬の最中で、暖をとるための住居を十分に建てることができずに、結局は多くの植民者や船員がメイフラワー号のなかで凍えながら過ごし、植民者百二名のうち半分以上が病死してしまう。

彼らを救ったのがネイティヴ・アメリカンだということは有名な話だ。近隣を支配するワンパノアグ族とピルグリム・ファーザーズの仲立ちをしたのがスクワントだった。彼はワンパノアグ族の一支族であり、ニュー・プリマスの元々の住民である前述のパタクセット族の最後の生き残りだった。彼が疫病を生き延びた理由は少々複雑である。ジョン・スミスが一六一四年ニューイングランドを探索したおり、彼の部下として艦隊のなかの船一隻を率いていたトーマス・ハントが、「行った場所で蛮族を欺き、これら哀れで罪のない人々のうち二十七名を騙して、スペインに奴隷として売ってしまった。そのために彼らはわれわれの国を憎むようになり、この探索行を一層困難なものとしたのだ」(『ニューイングランドの解説』)。この時に奴隷として売り払われた一人がスクワントであり、このため彼は疫病が蔓延したおりにはヨーロッパにいた。その後彼はスペインを脱出、イングランドに渡ってニューファンドランドでタラ漁に従事するなどした。そして一六一九年、ようやくニューイングランドに戻ってきたのだ。まさしくジョン・スミスをも凌ぐ波乱万丈な人生を歩んできたわけだ。したがって彼は英語が話せた。彼はワンパノアグ族とピルグリム・ファーザーズの平和条約を成立させるために尽力し、ピルグリム・ファーザーズにウナギ漁のやり方を教え、春に獲れた余剰の魚を使ってトウモロコシ畑を肥やす方法を教えた。彼の存在がなければ、確実にピルグリム・ファーザーズは絶滅していただろう。彼らが本国から持ってきた穀物類の種子は、土壌が合わないためか根づかなかったのだ。そしてスクワント以外のネイティヴ・アメリカンの助力もあったおかげで、入植後間もなく絶滅しかけたプリマス植民地は、一六二一年はそこそこの豊作に恵まれる。その収穫のあとにワンパノアグ族も招いて収穫祭が行われるが、後世これが最初の感謝祭と見なされるようになった。

ネイティヴ・アメリカンにピルグリム・ファーザーズが助けられたという右記の美談は日本でも有名だが、彼らの助力のおかげでその年の収穫は十分だったというのに、実は彼らは翌年も深刻な食糧危機に陥っている。一六二一年十一月の終りに、本国からフォーチュン号が到着する。何の前触れもなく到来したこの船には、三十五名の新たな入植者が乗船しており、しかも食料をはじめ補給物資は皆無だった。そのため一六二二年の五月には食糧の不足はいよいよ深刻になり、ネイティヴ・アメリカンとの交渉役を務めていた前述のエドワード・ウィンズローが「北に四十リーグほど」のところにあるモンヒーガン島のタラ漁の漁師のもとへと食料を求めて派遣される。漁師たちは分け与えることができるものを気前よくただで与えてくれたそうだ。おかげで彼らはトウモロコシの収穫まで、なんとか飢えをしのぐことができた。

旧世界の文明の及ばない場所で孤立したキリスト教徒が、漁師たちの善意に与り、絶滅の危機を乗り越える。魚や漁師がキリスト教のなかで持ち合わせてきた宗教的な意味合いを考えれば、これはただ単に心温まるというだけでなく、一六〇〇年の時を越えて新約聖書に記された奇跡が、そのままの形で再現された物語だ。まさしく彼らの植民地が存続しえたことは、奇跡としか言いようがない。イングランドの植民の計画はこれまで何度も失敗してきており、成功事例と考えられていたヴァージニア植民地も、実際には飢餓で相当数が死んでいた。ニュー・プリマスの後ですら、一六二二年にはニュー・プリマスの近くにあるウェイマスで、一六二三年には例のケイプ・アンで植民が試みられるが、いずれも失敗に終わっている。それを植民に益する技術をほとんど持たない信仰心だけの集団が、植民を開始するにはおよそ不向きな真冬に植民を開始して、なんとか生き延びたのだ。ネイティヴ・アメリカンとタラ漁の漁師の助力で生き延びることができた彼らの物語は、入植者であるプロスペローが島の先住民であるキャリバンをタラの干物に仕立ててしまう『テンペスト』とは対極の物語と言えるかもしれない。

3　農民と漁師

すべての大地は主の庭であり、主はそれを人の子らに与えたもうた。普遍的な条件とともに。すなわち、創世記第一章第二十八節にある「生めよ、ふえよ、地に満ちよ、地を従わせよ」という御言葉である。この御言葉は再びノアにも与えられている。その目的は道徳的であると同時に自然なものでもある。人は大地のもたらす果実を楽しみ、神はその創造物から受けてしかるべき栄誉を受けるのだ。であればなぜわれわれはここ（イングランド）で住むための土地の欠乏に耐え、……そうしているうちに、人が使うに有益なすべての土地（ニューイングランド）をなんら改善することなく荒れたままにしておくのか。

これはジョン・ウィンスロップが一六二九年に執筆した「ニューイングランドに植民する根拠」からの有名な一節である。ウィンスロップは翌年大西洋を渡り、マサチューセッツ湾植民地の第二代総督になるのだが、この一節はこの植民地の片面の本質をよく表している。

まずはそこにある農耕詩的なテーマに着目していただきたい。農耕詩とはローマ時代の詩人ウェルギリウスが確立した詩のジャンルで、なぜ神は人間に大地を耕す苦難を与えたもうたかについて論考する。ギリシア神話の黄金時代には人類は農耕の必要がなく、大地が自ら差し出す豊かな恵みだけで暮らしていた。しかしゼウスが神々の頂点に立つと、人間はその安楽の座から追い落とされたのだ。ウェルギリウスの答えは、神は農耕を通して人間に改善の精神を培わせようとした、というものなのだが、この考え方は、アダムとイヴの楽園追放の物語を持つキリスト教と大変相性が良かった。アダムとイヴも、楽園を追放された後に農耕をしなければならなくなったからだ。

十六世紀、十七世紀はイングランドで農業技術書が盛んに出版されるようになった時代である。これらの書物は農業技術だけでなく、農耕詩的な思想も伝搬している。そしてイングランドでは、やがてこの思想が国内においては十七世紀、十八世紀の農業技術の改善と囲い込み運動を促進する政治的なイデオロギーとなり、植民地政策においてはアイルランド、アメリカ、アフリカ、オーストラリアなど、西洋の基準で言えば農耕社会の条件を十分に満たしていない地域の植民地化を正当化するための口実とされていく。第五章で解説した「蛮族の教化」の具体的内容の一つが、この改善された農業技術の導入になる。

ここで重要なのは、キリスト教化された農耕詩的価値観はウィンスロップ個人のものではなく、マサチューセッツ湾植民地の基本理念とも言えるもので、それがやがてはアメリカの保守思想の源泉の一つとなっていくことだ。別の言い方をすれば、マサチューセッツ湾植民地は元来、ピューリタンである農民がこの農耕詩の精神を実現するための場所だった。一六三〇年代には本国の宗教弾圧が原因で、このニューイングランドに一万三千人強の移民が入植したことは前述したが、その大多数がイングランド南東部のヨーマンと呼ばれる自作農だった。イングランドのこの地域はネーデルランド（後のオランダとベルギー）で宗主国のスペインから宗教弾圧を受けた新教徒が逃避してきた場所で、ピューリタンの数が多かったのだ。そして、この理念のなかに漁民が入り込む余地はまったくなかった。

今まで漠然と「漁民」、もしくは「漁師」という言葉を使ってきたが、そろそろこの言葉を説明しておこう。この問題はダニエル・ヴィッカーズの『農民と漁師』に詳しい。「漁民」などと言うと、あるいはヴァイキングの時代にイングランドに流入した部族なり氏族なりの子孫が、数世紀を経たのちに「漁民」という特殊技能を持つミステリアスな集団を形成していたのかと誤解を与えてしまうかもしれない。そうであれば面白いのだが、史実はずっと平凡だ。「漁民」はもともとは農民だったのだ。

タラ漁の漁船を組織するとき、漁師をリクルートするのは船長の役割だった。ヴィッカーズによれば、船長がリクルートする先は、漁船の拠点である港湾都市ではなく、その後背部の田園である。一六二三年、デヴォン州南部の港湾都市ダートマスの市長は言っている。「このあたりには水夫はほとんどいない。いるのはハズバンドマンだ」。そして「通常この港からニューファンドランドに出航する水夫はたくさんいるが、この町に住んでいるのはその十分の一もいない」。

ハズバンドマンとはヨーマンより小規模な自作農のことで、社会的に不安定な階層だった。彼らの子弟は適齢期になると、「雇用市場《ハイアリング・フェア》」と呼ばれる農場の奉公人を募集するための市場で職を探す。漁師を探す船長は、こうした市場を利用するのだ。エリザベス女王の懐刀であったウィリアム・セシルの言葉に「漁業によって水夫を増やし、維持することができる」というものがある。これは政治的なレトリックというわけではない。文字通り、そういう意味なのである。漁業が農民を漁師に変える。そしてその漁師たちがいざというとき水兵となって（というより無理やり徴用されて）、イングランドの海軍力を支えてくれる。これが長年イングランド南西部のニューファンドランド漁業を政府が重視した理由の一つだった。当時よく言われた言葉で言えば、「漁業は水夫の養成所《ナーサリー》」なのである。

漁師たちが理念上、ニューイングランドに居場所がないというのは、単に職種が違うからというだけのことではない。働き方、生活様式、宗教、この三点において、ニューイングランドの農民と漁師はお互いに相いれない存在なのである。

ピューリタンは勤勉と同時に規則正しい生活を重視する。タラ漁の漁師は、決して勤勉でないわけではない。十七世紀の漁師の給与は賃金よりも「配当《シェア》」という形式が主流だった。これは漁船が出した純利益の多寡によって収入が上下する給与形態で、デイヴィッド・カークの言葉を借りれば、「漁師たちが仕事をサボる恐れが少なくなる」仕組みだった。そのため彼らは、いったん漁が始まると死に物狂いで働いた。しかし漁業はその性質上、忙しいときと忙しくないときのギャップが大きい。たとえば漁場について釣りを始めれば、アタリが来るときは引っ切りなしだ。しかし来ないときはまったく来なくなる。さらに釣果をステージに持ち帰ると、あとは加工担当者の仕事で、漁師たちはやることがまったくなくなる。シーズン中とシーズンオフのギャップはこれ以上に大きい。シーズン中にはピューリタンが重視する安息日にも働きつづけ、シーズンが過ぎるとなにもやることがない。もっとも実際には、家計の足しにするため、何らかの仕事をしていただろうが。しかしこれでは規則正しい生活など送るべくもない。

だがそれ以上に問題なのは、その暇な時間をどう過ごすかだった。デイヴィッド・カークは入植者からタバーン経営のライセンス料を取り立てていた。入植者の証言によれば、そのライセンス料は年間十五ポンドもの大金だったという。これはイングランドのパブのライセンス料が年間数シリング（二十シリングで一ポンド）であったことを考えれば、とんでもない暴利である。ちなみに熟練した漁師の年収は、ニューファンドランドでもニューイングランドでも二十ポンド程度だった。しかもデイヴィッド・カークは酒類の販売も独占して高値で彼らに売りつけていたらしい。だが逆に言えば、それでも商売になったわけだ。

ニューファンドランドでの入植者によるタバーン経営はデイヴィッド・カーク以前に始まっていて、一六三四年にチャールズ一世が発布した前述のウェスタン憲章もその経営を禁止している。当然客層はイングリッシュ海岸を訪れる漁師たちで、ウェスタン憲章がこれを禁止したのも、漁師たちが酒浸りになるとウェスタン・アドヴェンチャラーが苦情を訴えていたからだ。彼らが飲むのは圧倒的にサック酒だった。前述した通り、サック・シップは塩ダラをスペインでサック酒に変えてイングランドに運ぶだけでなく、そのうちのいくらかをニューファンドランドや新大陸本土の植民地にも運んでいた。漁師たちも立派な消費者だったのである。ワインは当時イングランド本土では漁師の出身母体であるハズバンドマンには手が出しにくい商品だったが、漁師たちはある意味消費文化の最先端にいたのだ。

もちろんピューリタンのなかにもワインを嗜むものもいないではない。ピューリタンが眉をしかめたのは、その飲み方である。前後不覚になるまで痛飲し、大騒ぎをしながら飲み明かす。しかももともとが腕っぷしに物を言わせる連中だった。アルコールが入っての暴力沙汰も日常茶飯事である。

そして宗教の問題である。漁業に出資したウェスタン・アドヴェンチャラーの場合、ピューリタン革命では議会派に与したものも多く、ピューリタンもいた。しかしヴィッカーズによれば、漁師の出身母体であるその地域のハズバンドマンは、イングランド南東部の農民たちとは違って一般的に高教会派と呼ばれる伝統的な国教会信者だった。しかも船乗りは昔から、願を掛けるときに自分のお気に入りの聖人の名を口にする。聖人を重視するのはカトリックに端を発する文化で、ピューリタンには受け入れがたい風習だった。

マサチューセッツ湾植民地がピューリタンの農民だけで成り立っているのであれば、こうした両者の違いも気にすることではなかっただろう。しかし、ジョン・スミスの『ニューイングランドの解説』にある通り、ニューイングランドの沿岸にはタラがあふれていた。植民地経営を経済的に成功させようと思えば、このことを無視するわけにはいかなかった。特にマサチューセッツ湾植民地の設立に尽力した、ドーチェスターの教区牧師でピューリタンであるジョン・ホワイトは漁業を植民地経営に取り込むことを熱心に推奨していた。マサチューセッツ湾植民地の経営母体であるマサチューセッツ湾会社の前身の一つだったドーチェスター会社とともに、一六二三年、前述のケイプ・アン植民地を設立、ピューリタンによる漁業植民地の実現を目指している。この植民地の計画は失敗したが、その後もホワイトはニューイングランド漁業を重視し、一六三六年ウィンスロップに、漁業が「あなたの土地にそれが何であれ最初の収入をもたらす手段」となるだろうと手紙を送っている。おそらくは漁師の何たるかについては知らなかったのだろう。

結論から言ってしまえば、最初の十年間の一六三〇年代は、漁業誘致を試みた植民地政府の施策は失敗の連続だった。ヴィッカーズの説明では、一つには植民地が大変な人手不足だったことがある。そのため、植民地側が望ましいと思う人物は漁業以外の場所で職を容易に見つけてしまうのだ。誘いに応じたものたちは、案の定というべきか、植民地側が眉をしかめるようなものたちばかりだった。しかしそうした漁師たちですら、様々な漁業振興策にもかかわらず、なかなか植民地に根付かなかった。結局、漁師を容易に見つけることができる本国の漁船のほうが、ニューイングランドでも経済的に有利に操業できたわけだ。

この状況が大きく変わるのは、やはり一六四二年からの本国の内乱だった。一六二四年の段階で現在のメイン州にあるモンヒーガン島には四、五十隻の漁船が本国から繰り出してきていたが、内乱の時期にはその船影が完全に消失した。しかも本国のタラ漁が麻痺したため、スペインの塩ダラの価格が高騰した。ニューファンドランドでデイヴィッド・カークを躍進させた同じ追い風が、ニューイングランド植民地でも吹いたのだ。ウィンスロップの記録では、一六四一年には三十万尾の塩ダラが市場に送られている。これは重量で言えば六千キンタル（三百トン）で、金額としては五千ポンドに届かない程度だった。これが一六四五年には一万ポンドにまで上昇し、翌年にはセイラムに隣接するマーブルヘッドだけで、四千ポンドの利益を出している。

さらに一六四〇年代の後半にはニューイングランド漁業を加速させるもう一つの変化があっ

た。バルバドス島を中心とした英領西インド諸島が、主要な産物を煙草から砂糖に切り替えたのだ。砂糖生産は煙草以上に労働力が必要になる。そのため、今まで以上に労働力を黒人奴隷に頼るようになった。さらに利潤の大きいサトウキビをできるだけ多く栽培するために、プランテーションのオーナーたちは食糧生産のための田畑もサトウキビ畑に変えてしまった。つまり彼らには、奴隷のための安価な食料が大量に必要になったのだ。そこで目をつけたのが、ヨーロッパの市場で安く買いたたかれていた半端ものの塩ダラだった。前章でプア・ジョンを製造するさいに、日干しまえの塩漬けでの塩の塩梅が重要だと説明したが、その加減を間違えた出来損ないの製品のことである。生まれたばかりのニューイングランド漁業は技術レベルが低かったため、これはまさしく渡りに船だった。『テンペスト』でプロスペローの奴隷だったキャリバンは魔法でタラの塩漬けを作るがごとくいたぶられてしまったが、シェイクスピアの執筆から四十年もたって、それがいよいよ現実に近づいた感がある。

かくしてニューイングランドに地生の漁業が成立した。しかし漁師たちは農民と交わることはなかった。『農民と漁師』のヴィッカーズによれば、バートル、ブリンブルコム、ペドリック、ミークといった植民地の初期に漁師として入植した一族の苗字は、アメリカ独立以前においては、沿岸部の漁村を除いてマサチューセッツの他の地域では発見されていないそうだ。さらに一七九〇年の時点で、一六七〇年以前に移民してきた漁師の子孫の七十五%がまだ同じ漁村に住んでいた。メイン州など、一部の例外はあるものの、漁師たちが内陸部に移動して農民になろうとしても、その地域の自治組織であるタウンミーティングが彼らを受け入れなかったのだ。皮肉なことに、新大陸に渡ってきて初めて、彼らは本当の意味での「漁民」となった。さらに皮肉なことは、その彼らを搾取することによって、ジョン・ホワイトがウィンスロップに予言した通り、ニューイングランドは最初の資本の蓄積を実現するのである。

4　スクーナーの登場

マサチューセッツ州議会の議事堂には、「聖なるタラ」と呼ばれるタラの木像が吊るされている。一八九五年に召集された州議会の下院が設置した調査委員会の報告書によれば、この木像は初代の木像から数えて三代目らしい。今ある木像は、一七八四年、ジョン・ロウの発議によるものだった。「この州の繁栄にとってタラ漁業が有する重要性を記念するものとして」、当時の議事堂に吊るされたのだ。調査委員会の報告書が提出されたころ、ボストン・グロウブ紙が記事のなかでこのタラの木像を「聖なるタラ」と呼び、以降、この呼称が世間に広まることになった。

報告書によれば、あくまで怪しげな伝聞情報に過ぎないが、初代のタラの木像はサミュエル・シューアルが寄贈したものらしい。彼は一六九二年のセイラムの魔女狩りのおりに判事を務めた九名のうちの一人だった。この魔女狩りは、刑死者十九名、拷問死一名と、犠牲者の数こそ少ないが、アメリカ合衆国の国家的トラウマになったと言っていいほど、後世に影響をのこした。シューアルも後にこの事件での自己の誤審を認め、教会で悔悟の念を告白している。また彼は『ジョセフの売却』（一七〇〇）を出版し、奴隷制度を非難してもいる。

聖なるタラ　議事堂の天井から吊り下げられたタラ像

彼は間違いなく善意の人だったのだろう。しかしもし伝承通りに、将来「聖なるタラ」などと呼ばれるようになるタラの木像を寄贈したのだとすれば、その背景にどういう思いがあったのだろうか。確かに旧世界のカトリック教徒にとってはタラは聖なるものかもしれない。神聖な「フィッシュ・デイ」のための食べ物だ。しかし新世界、特に拡大しつつある大英帝国という商品の流通システムにおいては、それはまさにシューアルが批判した奴隷制度を支えるための食糧でもあった。ニューイングランドの漁業はそのおかげで軌道に乗り、一六七〇年代には西インド諸島への輸出量が南ヨーロッパへの輸出量

四名が一つのチームを組織し、釣りを担当する漁師が同時にタラの処理加工まで行っていた。

漁業における社会構造、つまり漁師として働く入植者と彼らに投資する商人との関係も似通っていた。ヴィッカーズの説明では、タラ商人がつけで漁師に塩や食料など、漁に必要な物資を用意する。代わりに漁師は製造したプア・ジョンをすべてそのタラ商人に売るのだ。つけはその時の最終的な売り上げから清算される。自由競争はなくなるが、商人は漁師の生活にまで配慮する。実際、つけの対象は漁の必需品にとどまらない。漁師の住宅の新築や生活用品などにまで、このつけが利用できた。たとえばセイラムの商人ジョージ・コーウィンの帳簿によれば、一六五八年に彼が漁師に貸した金額の平均は一人につき三十九ポンドだった。

デイヴィッド・カークの場合帳簿が残っていないため、彼と漁業を営む入植者との経済的な関係ははっきりとは分かっていない。しかし前述の『魚からワインへ』のピーター・E・ポープはカークも似たような関係を入植者とのあいだに作りあげていたのではないかと推測している。というのも十九世紀に入っても、ニューファンドランド、またその近辺のノヴァ・スコシア、ケベックのガスペー半島においてはこうした関係が一般的だったのだ。

これは漁師には悪い関係ではなかった。四人一組のチームが一回の漁で必要とする資金は百ポンドから百五十ポンドである。四名集まっても、年収が二十ポンドの漁師には自分で用意するには厳しい金額だ。しかもこのつけは無利子なのだ。自由の一部を失うことになるが、その無利子の借金を利用して、漁師たちは実際の収入よりもいい生活を送れた。たとえば現存する遺言状の調査によれば、一六七六年以前に死亡した漁師の実に四十％が二十ポンド以上の借金を残していた。商人がここまで漁師に投資した理由は、ニューイングランドに限らず、新大陸の漁業では漁師の数が少なかったために、こうでもしなければプア・ジョンの数量を安定して確保することが難しかったからだ。

ところがニューイングランドの漁業はいの一番にこの関係から脱することになる。そこが現在のカナダにあった他の植民地の漁業にはできなかった規模の資本の蓄積を、ニューイングランド漁業が実現できた理由である。ヴィッカーズによれば、この変化は一六七五年から一七二五年までのおよそ五十年間にわたるゆっくりとしたものだった。まず、漁民の数が増加したのである。一六五〇年、セイラムには二百名の漁民しかいなかった。それが一六九〇年には倍増している。セイラムに隣接するマーブルヘッドの場合はさらに顕著だ。一六五〇年に百名だった漁民が一六八〇年には六百名、一七〇〇年前後には千名以上に増加した。一七二五年までにはマサチューセッツ湾植民地はプリマス植民地やメイン植民地などと統合されてマサチューセッツ湾直轄植民地となっていたが、初期の植民地で漁村が集中していたエセックス郡だけに限っても、漁村の人口は四千名近くになっていた。

漁民の数がここまで増えてくると、商人にしてみれば、無利子のつけまで用意して漁師を確保しておく必要はなくなった。彼らはつけに回していた資金を回収し、それを別のものに投資するようになった。それが漁業における社会構造だけでなく、ニューイングランドのタラ漁全体の有様を大きく変貌させることになる。商人たちはスクーナーと呼ばれる新しいタイプの漁船に資金をつぎ込んだのだ。

スクーナーは三十五フィートから六十五フィートの全面デッキ張りの大型船で、二本マストで容積も二十トンから百トンある。そのため一度に数週間、寄港することなく海に留まることができた。つまり、この船はニューファンドランド漁業の手漕ぎボートや、ニューイングランドの漁民が所有しているようなシャロップとは漁船としての性質が根本から異なる。これは沿岸漁業ではなく、遠洋漁業のための船だった。だとすれば、ニューイングランドのタラ商人たちはタラの処理方法、ひいては市場まで変えようとしたのだろうか。そうではない。あくまで西インド諸島の黒人奴隷の食糧生産を念頭に置いていた。いや、と言うよりも、それをメインの目的としたのだ。技術力が低いために出来の悪いプア・ジョンができてしまうのではなく、初めからそれを製造するためにスクーナーに投資したのである。そうして作られたプア・ジョンは、露骨にも「ウェスト・インディーズ」と呼ばれるようになる。

スクーナーによるタラ漁はバンクと呼ばれる沖合にある浅瀬で行われる。伝統的に、フランスの漁船がグリーン・フィッシュを製造してきた海域だ。しかしニューイングランドのスクーナーはそこで釣果を塩漬けしたあと、陸に戻ってそれを日干しにしたのだ。前述したが、プア・ジョンの製造技術の肝は日干しの前の塩漬けにある。塩が多すぎても少なすぎても駄目なのだ。スクーナー漁船の数週間タラを塩に漬けこんだまま漁を続けるというやり方は、そこらへんのデリカシーに欠ける。質のいいものを作って儲けるのではなく、質の悪いものを大量に作って儲けるという考え方だった。

それで実際にもうけは出たのか。ここで重要になるのが漁民への搾取である。『農民と漁師』のヴィッカーズによれば、漁民たちは一六七六年以前であれば、四十％が何らかの形でシャロップの所有権を持っていた。その数字が一六七六年から一七二五年のあいだには十五％に減少し、一七二六年からアメリカ独立革命のあいだには二％にまで落ち込む。この背景には当然、無利子のつけを利用できなくなったこともあるのだが、一六七五年以降、北大西洋経済全般の不景気が原因でタラも値崩れし、その状態が百年近く続いてしまった。タラ商人がスクーナーに投資先を変えたのも、この苦境からの脱出戦略という側面もある。いずれにせよニューイングランドの漁民は漁船を失い、スクーナーの雇われ漁師になるしかなかった。

しかも沿岸漁業とは違って、スクーナーでの釣りは昼も夜もない。デッキにタラがあふれると、漁師たちは塩漬けの作業に入り、それが終わればまたすぐに釣りに戻る。休むのは食事と睡眠、そして日曜日だけだった。そのおかげもあって、一人頭の生産性は著しく上がった。一六七五年の記録に残っているプア・ジョンの生産量と漁師の人数からダニエル・ヴィッカーズが出した試算では、一人当たりの年間の生産量は四十五キンタルだった。それが一七二九年以降には八十キンタル前後に上昇しているのだ。ところが漁師の収入は、一六六〇年代、七〇年代には年に二十ポンドだったのに、一七七五年には二十五ポンドから三十ポンドにすぎなかった。一見上がっているように見えるが、その一世紀で生活費は五十%上昇している。つまり、漁師の収入は実質的にはほとんど上昇していない。生産性の上昇による利益はすべて、タラ商人の懐に入ったわけだ。

一六七五年以降の百年間はニューイングランド漁業が驚異的な成長を記録した時代だった。漁獲量は六万キンタルから三十五万キンタルに上昇し、一六七五年にはイングランド本国南西部地域のタラ漁業と比較して規模が四分の一だったのに対し、一七四九年には二分の一にまで成長している。縄張りとする漁場も、一六七七年にノヴァ・スコシアでの活動が確認されて以来、年を追うごとに東進し、ケイプ・ブレトン、ニューファンドランドにまで遠征するようになった。まさに躍進と言っていい。

ボストン・グロウブ紙はこの躍進を念頭において、タラの木像を聖別したのだ。たしかに、タラ漁はニューイングランドの経済発展のなかで最初の主要な産業になった。タラ漁自体が十九世紀の産業革命に直接つながったと言うことはできないが、タラ漁があったからこそプア・

ジョンを輸出するために海運業が発展し、そこでの資本の蓄積がやがては産業革命の動力となったのだ。イギリス本国以外でイギリス同様の産業革命が進んだ最初の植民地がニューイングランドになるわけだが、タラ漁へのスクーナーの導入はその発展に向けての動力となったのである。

しかし神話などというものは、いつの時代も現実のグロテスクな闇をオブラートに包んでしまう。アメリカのような歴史の浅い国においてすらそれは起こる。国家という視点から眺めればたしかにタラは聖なるものなのかもしれない。しかしその陰にどれほどの犠牲があろうと、国家は見向きもしない。サミュエル・シューアルのような善意の人ですら、その神話に目が眩んだのだ。

5 戦いの海

一六九六年秋、かつてデイヴィッド・カークの拠点であったフェリーランドが、サン＝オヴィード・ド・ブロイヨン率いるフランス軍の手に落ちる。街が燃え落ちるなか、住民たちはアヴァロン半島内のフランス植民地プラセンシアに連行された。そのなかに、デイヴィッド・カークの息子と孫たちがいた。

不幸な死を遂げたデイヴィッド・カークだが、妻のサラ・カークの手腕もあって、その財産の多くが無事に子孫の手に渡ったようだ。前述した通り、一六八〇年の記録では、デイヴィッド・カークの息子のジョージ・カークは、イングリッシュ海岸で「位の高い有能な人物」四名の一人に数えられていた。しかし一六九七年の冬は特に厳しかった。戦時捕虜として獄につながれたジョージらデイヴィッド・カークの息子三名と孫の四名は、そこで父、あるいは祖父と同じ道をたどる。七名全員が獄死したのである。

一族の歴史としては凄惨極まりない出来事も、一歩引いて視野を広げて眺めれば、ヨーロッパと北アメリカで戦われた大きな戦争の一つの局地戦に過ぎなかった。ヨーロッパでのプファルツ継承戦争（一六八八〜九七）と、それと連動して北アメリカで戦われたウィリアム王戦争（一六八九〜九七）である。さらにこれらの戦争ですら、その後半世紀以上にわたって続く英仏の覇権戦争の序幕に過ぎなかった。

プファルツ継承戦争が終わって間もなく、一七〇一年からはスペイン継承戦争が始まる。それと連動して北アメリカではアン女王戦争（一七〇二〜一三）が戦われ、その結果結ばれたユトレヒト条約において、イギリスはフランスから、ニューファンドランド全島、ノヴァ・スコシア、ハドソン湾地方の領有権を勝ち取る。一七四〇年から始まるオーストリア継承戦争と呼応して戦われたジョージ王戦争では、ニューイングランド軍はフランス植民地軍相手に奮闘したが、ヨーロッパでの戦局が振るわず、植民地の勢力図に大きな変化はなかった。しかし一七五六年、七年戦争が始まる。北アメリカではフレンチ・インディアン戦争（一七五四〜六三）が戦われ、イギリスがフランスを圧倒、一七六三年のパリ条約でフランスからカナダ、ミシシッピ川以東を獲得し、加えてハバナと交換でスペインから東フロリダも手に入れる。北アメリカでフランスの手に残ったのは、ニューファンドランド南端にあるサン・ピエール、ミクロンの二つの小島とニューファンドランド北岸における漁業権だけだった。

七年戦争は大英帝国が世界最強の帝国としての地位を確立した戦争だった。このことが当時の、あるいは後世のイギリス人の意識に与えた影響は大きい。たとえば一七六四年、ドイツを旅した外交官のウィリアム・ゴードンが言うには、七年戦争でのフランス、スペイン両大国への勝利が「すべての外国人に植えつけた畏怖の念はことさら大きく、彼らはわれらを、他の人類に抜きんでた人種と見なしているほどです」。

しかしそれほどの大勝利も、ニューイングランドのタラ漁にはかえって不利な状況をもたらしてしまったのだから、歴史は面白い。まず、七年戦争の勝利にニューイングランドは貢献したが、パリ条約でイギリスが獲得した新しい漁場に食い込むことができなかった。スクーナー導入により漁業を一つの市場向けに特化しすぎたために、好みのうるさい南ヨーロッパ市場の獲得競争で他の植民地の劣勢に立たされてしまったことが一つの原因だ。そのため、ニューイ

	グレート・ブリテン及びアイルランド	南ヨーロッパ	西インド諸島
塩ダラ(キンタル)	706	102,601	241,987
グリーン・フィッシュ(樽)	7	300	36.136

ングランドのタラ漁はますます西インド諸島に依存するようになる。『アメリカン・ステイツの通商の観察』(一七八四)は、一七七一年から一七七三年までの三年間でアメリカ植民地が各市場に卸した塩ダラ、グリーン・フィッシュを表のように報告している。

つまり西インド諸島の市場に七割以上を依存していたのだ。

一方七年戦争の後も、西インド諸島にフランスは植民地を保持しつづけた。イギリス本国にとっては敵国の植民地ではあっても、ニューイングランドのタラ商人にとっては馴染みの深い取引相手である。仏領西インド諸島では奴隷の食糧として、アイルランド産の最低級の塩漬け牛肉を主に使用していた。しかし塩ダラも利用しており、一七一三年、フランスがニューファンドランド内の植民地をほとんど失ってからは、ニューイングランドのタラ商人がその穴を埋めていたのだ。さらに、アメリカ植民地の商人たちはかねてから仏領西インド諸島からも砂糖を買いつけており、英領西インド諸島の砂糖プランテーションの所有者たちはそれを苦々しく思っていた。その不満が募り、一七三三年には本国議会を動かして糖蜜条例を通過させている。これは英領西インド諸島で生産されたもの以外の砂糖に高関税をかけるというもので、仏領西インド諸島からアメリカ植民地への砂糖の輸入を阻止することを目的としていた。しかし、実際には密貿易が増加して効果はなかった。

七年戦争の結末はこの状況に大きな変動をもたらすことになる。ニューイングランドの塩ダラはノヴァ・スコシアにあるルイスバーグを通して仏領西インド諸島に入ってきていた。七年戦争でその拠点も含め、北アメリカのフランス植民地がほとんど失われてしまう。その状況下で仏領西インド諸島の総督府は、一七六三年、塩ダラをはじめとした他国の商品の輸入を、砂糖かラム酒との交換で認めると宣言した。英領西インド諸島の砂糖プランテーションの所有者には認めがたい話である。戦争で勝利したにもかかわらず、競争相手の息の根を止めることができないばかりか、仏領西インド諸島産の砂糖がニューイングランドを介して大英帝国の流通システムに流入してしまうのだ。

長年の戦争で国庫が疲弊していた本国政府は、この砂糖プランテーションの所有者たちの不満を利用する。一七六三年に失効した糖蜜条例を刷新して、一七六四年、砂糖条例を成立させた。糖蜜条例と比較すると、国外の糖蜜にかかる関税は半分になったが、密貿易を厳しく取り締まるようになったのだ。

塩ダラの輸入は砂糖かラム酒との交換で、という仏領西インド諸島の総督府の措置があるため、これはニューイングランドのタラ漁業にとっては大問題だった。もちろん、当時ニューイングランドのロードアイランドで盛んになっていたラムの製造業にとっては死活問題であったことは言うまでもない。英領西インド諸島と仏領西インド諸島とでは砂糖プランテーションの規模が違った。仏領のグワドループ一島だけで英領西インド諸島全体の砂糖生産量を上回る。さらに言えば、英領西インド諸島が生産する糖蜜をすべて足したところで、ロードアイランドの糖蜜輸入量の三分の二に過ぎなかった。

イギリスの本国政府は戦争による財政問題を解決するために、砂糖条例の翌年には印紙条例、一七六七年にはタウンゼンド諸法を成立させる。これらはいわゆる航海条例である。しかし百年前の航海条例はあくまでオランダという競争相手を排除するための手段で、実際にはこの条例のおかげで、アメリカ植民地の商人たち、つまり「新商人」たちは大きな恩恵を受けている。ところがこんどはその航海条例を、植民地の商人から搾り取るための手段として利用したわけだ。アメリカ独立革命と言うとフランス革命と同様、ついつい自由と権利についてイメージしてしまうが、その本質は経済問題だった。そしてタラ漁も独立革命が進行する背景で重要な役割を果たしていたのだ。

6　聖なるタラ

本来なら肉も魚も許されない断食日が、いつのまにか魚を積極的に食べる「フィッシュ・デイ」になってしまった。そうなった理由についてはよく知られていない。しかしキリスト教には元来魚を重視する傾向があることは前述したとおりだ。新約聖書には魚にまつわる奇跡がいくつもある。「聖なるタラ」の神話が生まれる土壌は聖書にもあるわけだ。

一九四一年に『ザ・ヤンキー・クック・ブック』を出版したイモージョン・ウォルコットが、もう一つの「聖なるタラ」の物語を紹介している。ニューイングランドの漁師のあいだで語られてきたフォークロアで、それによれば、イエスが新約聖書のなかで飢えた民衆を救済するために増やした魚は実はタラだったそうだ。そのため「タラは「聖なるタラ」となったのだ」。ちなみに地中海にタラはいない。

筆者はこのフォークロアを詳しくは知らない。このフォークロアがいつごろ語られるようになったのか、そしていつごろ例の「聖なるタラ」と結びついたのか。そうしたことを調べていけば、面白いことが分かるかもしれない。というのも、マサチューセッツ州の議事堂に今も吊るされている「聖なるタラ」は、明らかに国家が作り上げた神話だ。一八九五年の州議会下院の調査委員会が提出した報告書は、ニューイングランドのタラと黒人奴隷の関係についても、漁民の搾取についても一切触れず、ただただニューイングランドのタラ漁を美化している。それに対し、漁師たちが語り継いできた「聖なるタラ」は、国家の神話が構築される過程の陰で、搾取されたうえにその事実を闇に葬られた者たちの祈りの声として生まれたはずだからだ。

彼らの先祖はもともとは農民だった。自作農ではあっても規模の小さな耕地しか持たないハズバンドマンの多くが、生計の足しにするために、たとえば毛織物産業などでサイドビジネスに手を出してきた。彼らの先祖はそのサイドビジネスとしてタラ漁を選択したのだ。そして半ば請われてニューイングランドに入植した。ところが彼らを待ち受けていたのはあからさまな差別だった。実際、ニューイングランドに黒人奴隷が少なかったことを考えれば、ネイティヴ・アメリカンと彼らこそが最大の被差別民だっただろう。そして差別を受けると同時に搾取され、その結果ニューイングランドの経済的飛躍の礎となったのだ。彼らはシャロップのなかで、あるいはスクーナーのなかで、タラの血糊と臓腑にまみれながら、このフォークロアの原型を作り上げたのだろう。タラは彼らの搾取の象徴であり、なおかつ唯一の生活の糧であり、運命そのものと言っていい。そのタラを彼らはイエスが増やした魚と結びつけることで聖別したのだ。その背景にはどのような願いがあったのだろう。

神話とはこういうものなのかもしれない。国家が自らの正当性を謳い上げ、薄汚い部分を隠蔽するために作り上げたシステム、しかしそれだけではない。その国家に搾取され、神話というシステムによってその搾取を正当化された被差別民が、自らの境遇を慰め、明日への希望を謳い上げたものでもあるのかもしれない。もちろんその希望は多くの場合偽りだっただろうが。そして「聖なるタラ」という言葉を介して、この二つの神話が融合したのだ。

「聖なるタラ」という言葉が生まれた十九世紀の終わりには、ニューイングランドは工業化が始まって久しく、もはやタラ漁が体現した栄光は過去のものになっていた。イギリスの自治領であったカナダからの安価な魚介の流入に圧倒されて、漁業関係者は政府に関税を高めるよう要請していたほどだ。経済上の重要性が衰えていたからこそ、あるいは神話化の速度が進んだという側面もあるのかもしれない。

ただ一方で、支配と搾取の関係だけをマサチューセッツ州議会の議事堂に吊るされているタラの木像に見るのは、歴史を単純化しすぎてもいる。ニューイングランドという枠組みのなかでタラ漁を観れば、確かに支配と搾取は隠しようもない事実だ。しかし、そもそもの始まりはキリスト教徒がフィッシュ・デイに魚を食べたことにある。それは間違いなく、敬虔な信仰心に基づくものだった。その宗教的な要請から生まれた巨大な需要が各国のタラ漁を促進させ、旧世界の境界を外へ外へと押し広げたのである。カボットの偉業はその延長線上にあるに過ぎない。そこに大量のタラがいたからこそ、新世界であるアメリカ大陸東北部は旧世界の経済的な枠組みに組み込まれた。そしてそこでのイングランド漁船の活動が、大英帝国の基盤の一つを生み出したのである。タラは確かに歴史を動かす大きな触媒として、西洋世界では機能してきたのだ。アメリカ独立革命の背後にあるタラの役割は、そのほんの一例に過ぎない。これほど大きな歴史のダイナミズムは、当然清濁を併せ持つものになるしかなかっただろう。マサチューセッツ州議会の議事堂に吊るされたタラの木像は、そのダイナミズムそれ自体を象徴してもいる。

第八章　魚はどんなふうに料理されたのか?

最後に古い時代の魚料理のレシピを紹介して文章を終わりたい。やはりここまで魚の話を聞かされれば、それを食べてみたくなるのは人情だろう。ただし古い時代のレシピは材料と調理の手順が簡単に説明してあるだけで、材料の分量や加熱等の時間がほとんど記されていない。それを参考にしたところで、料理に手慣れた人が想像力の限りを尽くしても、味の再現は困難だろう。そこで古い時代のレシピを紹介するとともに、見つけることができたものに関しては、類似のレシピを元にしたアレンジヴァージョンのレシピも紹介する。興味のある方は是非とも料理に挑戦してほしい。

1　マグロ

ペルシウスの『風刺詩』には、安息日の始まりを祝うユダヤ人の金曜日の晩の夕食cena puraの様子が描かれていた。その料理として「鮪の尻尾」が描かれていたが、ユダヤ人に限らず、魚料理が好きなギリシア人、ローマ人にとっても、マグロは人気の魚だった。とくにマグロのハツなどは珍味として喜ばれていたそうだ。

ギリシア・ローマ時代の料理を伝える料理書として、アピキウスの作と謳った『料理帖』がある。アピキウスはローマ時代の放蕩家で、セネカの『書簡集』によれば、食に贅を尽くした挙句、財産を失ってしまい、飢えて死ぬならと毒を呷って自決したほどの食通である。確かなことは分かってはいないが、イエス・キリストと同時代人であったようだ。ただしこの『料理帖』のなかで、これが実際にアピキウスの手によるものだと断言できるものはほとんどない。『古代ローマの調理ノート』で解説を担当した塚田孝雄が言うとおり、「おそらくアピキウスの原著もしくはメモを基礎に、幾度も幾度も編纂がおこなわれ、数世紀にわたって、段々に新しいレシピが追加され、表現や内容が時代遅れになったものは削られ、脱落、誤字なども重なって、今日の形を取った」ものと一般に考えられているからだ。しかしそれでも古代の香りを感じることはできるかもしれない。

A　マグロに用いるソース

①　こしょう、クミン、タイム、コリアンダー、たまねぎ、レーズン、酢、ハチミツ、ワイン、ガルム、油をすりつぶし、よく混ぜあわせる。

②　熱し、片栗粉でとろみをつける。

（アピキウス、千石玲子訳『古代ローマの調理ノート』）

2　ウナギ

今からは想像できないことだが、昔はウナギがいたるところにいたようだ。ニュープリマスでスクワントがピルグリム・ファーザーズたちに教えた多くの技術のなかにも、ウナギ漁があった。ウナギがこの世にいなかったなら、中世初期の修道僧たちも、断食日にたいへん苦しい思いをしなければならなかっただろう。もっとも、断食は本来そうあるべきものではあるが。

ウナギといえば中世にはスモークとウナギパイが有名だが、残念ながらスモークのウナギを使ったレシピは見つけることができなかった。ウナギパイのレシピはジャーヴェイズ・マーカムの『イングランドの主婦』からのものである。一六一五年に初版が出版されたこの書籍は、主婦の心得からはじまり、簡単な病気の治療方法、蒸留機の使い方等々、レシピ集というよりは主婦の仕事全般を扱った家政書と言ったほうがいい。そして料理も主婦の重要な役割であったため、レシピの類も掲載されている。

ウナギパイの他には、本書でも何度か引用したウィリアム・キャムデンの『ブリタニア』からすこし変わったヤツメウナギのレシピを紹介する。第三章でシェイクスピアの故郷ウォリックシャーの隣のウスターシャーを流れるセヴァーン川を説明する際にキャムデンを引用したが、引用した文章のすぐあとにこのレシピが紹介されている。当時の書籍にはこうしておもむろにレシピが紹介されることがある。それだけレシピは読者の気を引く情報だったのかもしれない。ただこのレシピに関してはアレンジヴァージョンを見つけることができなかった。

最後に紹介するウナギの洋風蒲焼はウナギパイと比べると一般的な料理とは言えないが、蒲焼に慣れ親しんだ日本人にしてみれば逆に興味を引くかと思う。『料理解析総論』は初版が一六六一年で、執筆者のウィリアム・ラビーシャは大陸でも料理の経験のあるプロの料理人である。『イングランドの主婦』とは違い、この料理本は新米料理人の指導を目的に執筆されている。アレンジヴァージョンはマッジ・ローウィンがラビーシャのレシピを直接参考にして作成したものだ。ただしウナギの捌き方は日本のやり方で行うほうがいいかと思う。

最後に一言アドヴァイス。とくにウナギパイを作る場合はくれぐれもウナギを絞めてからパイ生地に入れるように。さもないとリアの道化に笑われることになる。

A　キャムデンのヤツメウナギ、イタリア風

まず、魚（ヤツメウナギ）をマームジーのなかで絞める。口をナツメグでふさぎ、それぞれの穴をクローヴでふさぐ。それからぐるぐると丸めて、潰したヘーゼルナッツを数粒、パン屑、オイル、マームジー、スパイスを加える。平鍋ですべてを丁寧に中火ですこしの

あいだ煮込む。ただし料理人や食通への指導は私の本分ではない。

（ウィリアム・キャムデン『ブリタニア』）

B　ウナギパイ

ウナギの腸を抜いたあと、三インチから四インチの大きさに切り、ペッパー、塩、ジンジャーで味付けをし、パイ生地で作った器の中に入れる。大量のバター、大きめの干しブドウ、刻んだ玉ねぎを入れて器に蓋をし、オーヴンで焼いて食卓に出す。

（ジャーヴェイズ・マーカム『イングランドの主婦』）

＊　ウナギパイ、アレンジヴァージョン

ウナギの皮を剝ぐのは口で言うほど容易い作業ではない。しかし、そもそもウナギを仕入れることができるような魚屋なら、おそらく頼めば皮と骨を取り除いてくれるだろう。ウナギを二インチの大きさに切る。固ゆで卵、デイツ、種なし干しブドウを叩いて混ぜ合わせたものをパイ生地の器の底にしき、その上にウナギの切り身を載せる。砂糖、シナモン、ジンジャーそれぞれ一つまみずつで味付けをし、白ワインヴィネガーを大さじ一杯振りかけ、バターを削って散らす。パイ生地で蓋をし、熱くなったオーヴン（二百二十℃）で三十分ほど焼き、中火に熱を落としてさらに三十分ほど焼く。

（ヒラリー・スパーリング『エリノー・ファティプレイスの料理長』）

C　ウナギの洋風蒲焼

まずまずのウナギを選び、背中の骨の近くを頭から尾にかけて開く。腹まで割いてはならない。塩でよくこすってから洗い、横にして乾かす。焼き網に載せたときに折り曲げるのに邪魔にならないよう、骨を背に沿って切り取る。（ウナギが大ぶりの場合には）六つに切り分け、開いた側にバターを塗り、塩と、細かく砕いたタイムも少々振りかける。焼き網を熾火のうえで熱しておき、ウナギを開いた側を下にして置く。下側が焼けたらひっくり返し、皮がついた側をしっかり焼き上げる。皿にウナギを載せて、溶かしバター、ヴィネガー、挽いたナツメグを振りかけ、ベイリーフで飾り付ける。

（ウィリアム・ラビーシャ『料理解析総論』）

＊　ウナギの洋風蒲焼、アレンジヴァージョン

ウナギ一尾　1・5ポンドのウナギの鮮魚

塩　茶さじ1杯

タイム　茶さじ1／2杯
ナツメグ　茶さじ1／4杯
バター（溶かしたもの）　大さじ4杯
ヴィネガー　1／4カップ
ベイリーフ

魚屋にウナギを下してもらう場合は、頭を落とし、三インチに切り分けるよう頼む。自分でこれをやる場合は、「ウナギのようにのらりくらりとした」という諺を忘れないように。作業をするあいだは、乾いた布でウナギを持つこと。

頭を落とし、腸を抜き、冷たい流水でウナギを洗う。きれいな布でウナギの水を切り、鋭い包丁で骨ごと三インチの長さに切り分ける。背骨の両脇から〇・五インチほど切れ目を入れ、骨を身から外す。

塩、タイム、ナツメグを混ぜて、ウナギの切り身に擦り込む。溶かしバターをたっぷりと塗り、八分間焼く。切り身にふたたびバターを塗り、ひっくり返してから、五分間焼く。ウナギを焼いているあいだに、残っている溶かしバターにヴィネガーを加え、五分間火にかける。暖めた皿にウナギを置き、上にソースを注ぎ、ベイリーフで飾る。すぐに食卓に出すように。

（マッジ・ローウィン『シェイクスピアと晩餐を』）

3　ニシン

レシピはふたたびジャーヴェイズ・マーカムの『イングランドの主婦』から、筆者が今まで見たなかでも一番衝撃を受けた料理の一つを紹介する。塩漬けニシンを甘い食材と合わせるのは、それほど突飛な発想ではないだろう。しかしここで紹介する「ニシンのパイ」は、最後にパイの表面をグラッセしてしまうというものだ。いったいどういった味になってしまうのか、料理の技術が高ければ、筆者も是非とも食してみたいと思う。

ここで引用した『イングランドの主婦』は一六一五年に出版された初版をもとにしたものだが、マーカムの指示ではニシンのなかにいったん干しブドウと洋ナシのスライスを詰めている。その件を読んだときには結構美味しそうではないかと期待したのだが、その直後の指示ではそのままそれを微塵切りにすることになっている。であればいちいち食材をニシンのなかに詰めるといった手間は必要ないのでは、と思うのだが、後世の人間もそう思ったのだろう。アレンジヴァージョンの作者であるマクシーム・ド・ラ・ファレイズは『イングランドの主婦』の一六六〇年版を引用しているが、そこではその手間は省かれている。

材料にある「ヴァージュース」だが、当時のレシピでは頻繁に使われる調味料の一種である。ファレイズの説明によれば、「中世のイングランド料理ではもっとも重要で基本的な素材になるが、ヴァージュースを定義するのは難しい。というのも、どうやらそれぞれの家庭が独自の製造方法を持っていたからだ。ブドウやクラブアップル、スグリなど、さまざまな未熟な果実のジュース（発酵させている場合もある）になる。単一の果実を使うこともあれば、混ぜ合わせて作ることもある。ダマスクローズの葉が加えられていることがよくある」。酸味を加えるためのものだが、ヴィネガーよりは酸味の強いサイダー、つまり発泡リンゴ酒に近い味とのことだ。

塩漬けニシンのレシピは筆者が探した範囲では、ニシンが有した経済的・政治的な重要性の割にはそれほど残っていない。おそらくもっと単純な方法で食べるのが主流だったのだろう。ここで紹介する「ニシンのパイ」などは、レントの時期の花形となる料理だったはずだ。砂糖がイングランドの植民地で生産され、値段が下がり始めるのは十七世紀半ば以降である。このパイの表面を飾るグラッセは、味の問題よりも富の誇示を目的としたものだったのかもしれない。

A　塩漬けニシンのパイ

塩漬けニシンを一晩塩抜きし、少し煮る。それから皮を剝き、ニシンの背の部分だけを落として、骨から身をきれいに抜き取る。大きな干しブドウを用意して、種を抜き取り、ニシンのなかに入れる。ウォーデン（洋ナシ）を一つか二つ用意し、皮を剝いて芯を抜いて小さくスライスし、それもニシンに入れる。そのあとすべてを千切り用の包丁で、できるだけ小さく細かく千切りにし、そのなかにたっぷりの種なし干しブドウ、砂糖、シナモン、刻んだデイツを加え、パイ生地で作った器のなかにそれを入れる。さらにたっぷりの無塩バターを入れて、パイ生地で覆う。蓋にはガス抜き用の丸い穴を一つだけ開ける。そしてこの手のパイを焼くのと同じように焼く。十分に焼けたら取り出して、クラレット、ヴァージュースを少々、砂糖、シナモン、無塩バターを用意し、一緒に煮立てる。そのソースをガス抜き用の穴からパイのなかに入れ、少し振ってから、ふたたびオーヴンのなかに入れ、少し置く。それから食卓に供するが、そのときには蓋は砂糖でグラッセされ、横の部分も砂糖で飾りつけられている。

（ジャーヴェイズ・マーカム『イングランドの主婦』）

＊　ニシンのパイ、アレンジヴァージョン

練り粉　　1・5ポンド

塩漬けニシン、三枚に下ろして叩いたもの　1ポンド
洋ナシ、皮を剝き、芯を取ってスライスにしたもの　2個分
干しブドウ　2オンス（1／2カップ）
デイツ、種を抜いてスライスしたもの　2オンス（1／2カップ）
砂糖（なくてもいい）　大さじ2杯
小麦粉　大さじ2杯
シナモン　大さじ1杯
バター　1オンス（大さじ1杯）
クラレット　大さじ4杯（1／4カップ）
ヴァージュース、もしくはサイダー・ヴィネガー　大さじ4杯（1／4カップ）
バター　1／2オンス（小さじ1杯）
砂糖　大さじ1／4杯
シナモン　大さじ1／8杯

練り粉の半分を伸ばして九インチのパイ皿を作る。その上にニシン、洋ナシのスライス、干しブドウ・デイツで代わる代わる層を作り、それぞれの層に砂糖、小麦粉、シナモンを振りかける。一番上の層にはバターを散らす。パイ生地で蓋をし、一カ所だけ空気穴を開

ける。それを百九十一℃で二十分から二十五分焼く。ワイン（クラレット）、ヴァージュース（あるいはサイダー・ヴィネガー）、バター、砂糖、シナモンを火にかけ、空気穴からなかに注ぐ。オーヴンに戻し、さらに十分焼く。

（マクシーム・ド・ラ・ファレイズ『英国料理の七世紀』）

4　タラ

一六八二年に『塩と漁業』を執筆したジョン・コリンズはチャールズ二世の時代に、サミュエル・ピープスが理事をしていた「王室漁業会社《コーポレイション・フォ・ザ・ロイアル・フィッシャリー》」で主計官を務めていた人物である。この書籍の題名から、イングランドの漁業にとって塩がいかに重要な問題だったかが分かる。「王室漁業会社《コーポレイション・フォ・ザ・ロイアル・フィッシャリー》」の主計官がそれをテーマに本を一冊書いてしまうほどだったわけだ。ニシン漁を主たる目的とした会社だったが、この本はタラについても詳述している。そしてキャムデンの『ブリタニア』と同様、ここにもストックフィッシュの一般的なレシピが紹介されている。

この調理の仕方を見ると、おもわず『テンペスト』で悲惨な目にあわされたキャリバン一行を思い浮かべてしまう。「木槌で三十分以上叩き、三日間水に浸」されるのだ。一行の一人であるトリンキュローがキャリバンについて、「とっても古い魚のような臭いだ」と言っていたが、臭いに関してはジョン・コリンズも言っている。「品質に関しては、その多くが臭い」。最後のレシピは、「聖なるタラ」にまつわるニューイングランドの例のフォークロアを紹介している『ザ・ヤンキー・クック・ブック』からのものだ。二十世紀のレシピなので、われわれには一番口に合うのではないだろうか。

A　ストックフィッシュの一般的なレシピ

ストックフィッシュを木槌で三十分以上叩き、三日間水に浸す。そして柔らかくなるまでとろ火で一時間、ストックフィッシュが浸る程度の水加減で煮る。取り出してから、バター、卵、マスタードを溶きあわせてかける。あるいはジャガイモ（苗屋で一年中手に入るだろう）を六個用意し、とても柔らかくなるまで煮て皮を剝く。潰してたっぷりのバターと合わせ、魚にかけて、食卓に出す。パースニップを使う場合もある。

（ジョン・コリンズ『塩と漁業』）

B　ニューイングランドの塩ダラのディナー

塩ダラ　2ポンド

中くらいの大きさのジャガイモ　8個
中くらいの大きさのビート　8本
脂肪分の多い豚の塩漬け　1／2ポンド
小麦粉　大さじ4杯
牛乳　2カップ

ジャガイモを茹でる。ビートを茹でて、さいの目に切る。豚の塩漬けを細長く切り、さらに細切れにする。（それを火にかけ）ゆっくりと油を搾りとり、その油から大さじ4杯をフライパンにもどす。熱い油に小麦粉を混ぜ、ゆっくりと牛乳を加え、ソースが滑らかになるようかき混ぜる。塩とペッパーで味付けをする。ソースは熱を保ったままで。
塩抜きしたタラを暖めた大皿に載せ、その上にカリカリに揚がった豚肉をたっぷりと載せる。ビートをバターで炒めてタラの周りを赤く縁どりする。ジャガイモとソースは別皿で食卓に載せる。黄金色のコーンブレッドにコテージチーズと熱したアップルサイダーソースを添えて出来上がり。ボイルした玉葱とニンジンを一緒にこのディナーに添えることもある。割合は六対八で。

（イモジーン・ウォルコット『ザ・ヤンキー・クック・ブック』）

あとがき

本書を書き終えて、心残りがある。本書のテーマはニシン漁やタラ漁といった漁業が歴史上の大きな事件にいかにして関わったかということだ。いきおい、それらの漁業の全般を扱うことはできなかった。そのため、ニシンとタラを扱いながら、日本でも有名なイギリスのキッパーや、フィッシュ・アンド・チップスについては本文では一言も触れていない。

キッパーとは、レッド・ヘリングと比べるとずっと軽く燻製したニシンである。これは十九世紀の半ばに生まれたものだ。十九世紀には鉄道の敷設が進んで交通の便がよくなったため、ニシンを長期の保存がきく商品にする必要がなくなり、味のよさが優先されるようになったのだ。

フィッシュ・アンド・チップスも十九世紀の半ばに生まれたものだ。魚のフライは十九世紀に底生魚《ていせいぎょ》の漁業で延縄漁《はえなわりょう》が大々的に採用されるようになってから、それまでは商業価値の低かった小型の魚も大量に獲れるようになり、それを商品化するために生み出されたものだ。一八三七年から翌年にかけて雑誌に掲載されたディケンズの『オリヴァー・トゥイスト』には、「フライド・フィッシュ屋」が登場している。これにポテトのフライが組み合わさるのは、一八六〇年代に入ってのことだ。フィッシュ・アンド・チップスの流行のおかげで、歴史的に低調だったイギリスのタラの消費が一気に高まったが、残念なことにこれが歴史上の大きな事件に関わることはなかった。こうした歴史について本書で触れる余裕はなかった。

ことにフィッシュ・アンド・チップスについては個人的な思い入れもある。高校時代、父の仕事の関係でオーストラリアで一年を過ごした。そしてまた父の仕事の関係で、夏休みなどの長期の休暇の最中は、オーストラリアじゅうをくまなく自動車で走りまわった。父は食にはほとんど拘《こだわ》りのない人で、腹が膨《ふく》れれば十分だろう程度にしか考えていない。そんなわけで、自動車旅行の日々のほとんどは安価なフィッシュ・アンド・チップスを食べて腹を満たした。

フィッシュ・アンド・チップスの購入は、英会話の訓練もかねて、私の仕事とされていた。不慣れな英語を使いまわしながら、この魚の種類は何なのかと店員に尋ねたことがある。なにぶん三十年以上も前の話なので記憶もおぼろげだが、店員が「サメ《シャーク》だよ」と答えたのを覚えている。フィッシュ・アンド・チップスはなにもタラだけを揚げたものではない。延縄漁で獲れた底生魚ならそれ以外の魚も材料となった。今でもイギリスのフィッシュ・アンド・チップス屋に行けば、タラ《コッド》よりも小ぶりなハドック、カレイ科の魚であるプレイス、それにガンギエイ《スケイト》やロックと呼ばれるマダラトラザメなども注文して揚げてもらうことができる。あるいはこのロックがオーストラリアの「サメ」のことかと思い頼んでみたことがあるが、記憶のなかの味とどうも今ひとつ合致しない。

キッパーにせよ、フィッシュ・アンド・チップスにせよ、技術的な発展が食に影響を与えた実例である。本書の主眼は、ニシンやタラといった交易品としての食材が歴史に与えた影響だが、技術上の、あるいは政治や経済の構造上の変化が食文化に与えた影響という視点も、テーマとしては面白いだろう。オーストラリアのフィッシュ・アンド・チップスの謎と合わせて、将来の研究の課題としたい。

本書を執筆するにあたっては多くの先人の著作を利用させていただいた。その目録は巻末に挙げてあるが、とくにハロルド・A・イニスの『タラ漁業』（原題 *The Cod Fisheries*）については、個々のデータや情報ばかりでなく、第六章で扱ったウェスタン・アドヴェンチャラーたちの自由主義というテーマ自体もそれに依拠していることを断っておきたい。

最後になるが、本書を執筆するうえでさまざまな方にご助力をいただいた。まずは大学の同僚の相原直美氏。彼女には着想の段階からいろいろと相談に乗ってもらった。テネシー・ウィリアムズの『ガラスの動物園』にカトリック教徒が金曜日に魚を食べる話が出てくると指摘してくれたのも彼女である。また、同じく同僚の伊古田理氏。彼はラテン語に関する筆者の描く執拗な質問に根気よく答えてくれた。次に平凡社新書編集部の保科孝夫氏。保科氏には平凡社ライブラリーから『菊と刀――日本文化の型』の翻訳を出版したときにも編集者として助けていただいたが、本書においても大変なご助力をいただいた。この三名にはこの場を借りて感謝の言葉を送りたい。

二〇一四年五月

越智敏之

平凡社ライブラリー版　あとがき

二〇一四年に平凡社新書から『魚で始まる世界史』を出版してから十年になる。もう十年なのか、まだ十年なのか、微妙な期間だ。したがって、平凡社ライブラリー編集部の竹内涼子氏から本書の復刊の話が来たときには少し驚いてしまった。

竹内氏からは、そのまま出版してもいいが、できれば増補改訂を、との話だったので、迷わず後者を選ばせていただいた。実は現在、日本実業出版社から「大英帝国という商品ネットワークのなかで流通した食品」というテーマで書かせていただいている。タラにタバコに塩漬け牛肉、コメ、砂糖、ラム、茶などを扱うつもりだが、真っ先に「タラ」を書き始めたのが間違いだった。『魚で始まる世界史』で書ききれなかったことを調べていくうちに、膨大な量の原稿が出来上がってしまったのだ。タラだけで原稿用紙百五十枚強になる。この調子で一冊書きあげれば、原稿用紙で一千枚は越える〝大著〟になってしまう。日本実業出版社の担当の細野淳氏に、「やっぱり多すぎますよね……」とおそるおそる確認したところ、「まあ……」という歯切れの悪い返事が返ってくる。しかし書きあげたばかりの原稿を大幅に削減するのは忍び難く、「あとで削ります」とその作業を後回しにすることにした。

そのため竹内氏から復刊の話が来たときには、これで身を削るような作業から救われる、と安堵した。漁業との関係性が薄いもの、細々とした情報は平凡社ライブラリー版に回し、日本実業出版社におけるタラの原稿を大幅に削除する。この話を竹内氏、細野氏それぞれにしたところ、両氏から快諾をいただけた。

こうしたいきさつから、今回の「増補改訂」では新書版の第五章と第六章を三章に組みなおし、タラの部分だけを大幅に書きなおすことになった。また、日本実業出版社での原稿のテーマが大英帝国を商品ネットワークと捉え、そのネットワークの構築と商品開発との関係性を扱っていたため、平凡社ライブラリー版のタラについてもそうした側面を強調している。もっとも、このテーマは平凡社の新書版の『魚で始まる世界史』を執筆している最中に生まれたものなので、平凡社ライブラリー版ではその傾向がより強くなったということだが。

タラと大英帝国との関係については本文で十分扱ったので、ここでは別の話をしておきたい。ジェイムズ一世の時代に設立された「ヴァージニア会社」と「ニューファンドランド会社」が失敗した理由についてだ。本文では出資者である特権商人が性急に利益を求めすぎたためと書いたが、実はもう一つある。政治哲学の問題だ。

西洋はギリシャ・ローマ時代から現代にいたるまで「完璧（perfection）」という言葉に取りつかれてきた。プラトンが「イデア」に拘ったのもその表れだ。そして政治経済の領域でこの「完璧」を求めれば、自給自足が可能な体制の実現ということになる。「帝国」とはそれを実現した体制とされた。そしてこの時代の植民地計画案はいずれもこれを求めていた。

イングランドでは木材、貴金属、ワイン、絹などを輸入に頼っていた。つまりその輸入を止められれば、輸出国に屈服するしかない。植民地で何が作れるかなどお構いなしに、計画案は国家の自給自足を実現するために、その製造を求めた。木材なら確かに製造できるだろうが、職人不足なうえに交通も発達していない。競争力のある製品など製造できるものではない。運が必要な貴金属の発掘、高度な技術が不可欠となる絹やワインの製造はなおさらである。

「新商人」にしろデイヴィッド・カークにしろ、実際に植民地建設に成功したものたちは、こうした教養主義的な政治哲学を持ち合わせていなかった。彼らはタラ、タバコ、砂糖など、その植民地の環境に打ってつけの商品を開発し、資本をそこに集中した。その結果として大英帝国という商品ネットワークは構築されてきた。ただし本国政府はそのネットワークを閉じて自給自足が可能な体制の構築を目指し、現場の商人たちは密貿易を通して自己の利益の最大化を求めた。スペインを始めとした地中海世界や拡大する新世界が消費の中心であった塩ダラは、加えて軍や航海の食料としても重要で、戦時には特に本国政府のこの原則に抵触しがちな商品であった。話は飛躍するが、現代の大国同士のサプライチェーンをめぐる泥仕合を見ると、教養主義的な政治哲学の問題はいまだに続いているようである。

平凡社ライブラリー版を執筆するにあたって利用した文献の多くは本文中に紹介させていただいたが、特に重要な文献は、第六章ではピーター・E・ポープの『魚からワインへ』、ロバート・ブレナーの『商人と革命』、第七章ではダニエル・ヴィッカーズの『農民と漁師』になる。特にデイヴィッド・カークの事業に膨大なデータをもって光を当てたポープの『魚からワインへ』は、『テンペスト』のなかにも同じ商品のつながりがあることを筆者に気づかせてくれたきっかけでもある。

最後になるが、この度の復刊にあたってご助力をいただいた方々を紹介しておきたい。まずは新書版の『魚で始まる世界史』の担当者であった保科孝夫氏。当然のことだが、新書版がなければ復刊はなかった。次に日本実業出版社の細野淳氏。細野氏から快諾をいただけなければ、この復刊は別の形をとっていただろう。そして平凡社ライブラリー編集長の竹内涼子氏。復刊での大幅な書き換えを認めていただけなければ、今回新たに加えたタラの原稿の多くは日の目を見ることはなかっただろう。三氏にはこの場を借りて感謝の言葉を送りたい。

二〇二四年一月

越智敏之

名古屋大学出版会、2013年。

ペルシウス、ユウェナーリス／国原吉之助訳『ローマ諷刺詩集』、岩波書店、2012年。

London, 1986.
Spenser, Edmund. *A View of the Present State of Ireland. The Works of Edmund Spenser: A Variorum Edition*, ed. Edwin Greenlaw, Charles Grosvenor Osgood, and Frederick Morgan Padelford. Baltimore, 1949.
Spurling, Hilary. *Elinor Fettiplace's Receipt Book: Elizabethan Country House Cooking*. London, 1984.
Taylor, E. G. R., ed. *The Original Writings and Correspondence of the Two Richard Hakluyts, Vol. 1*. London, 1935.
Thompson, John M., ed. *The Journals of Captain John Smith*. Washington, D. C., 2007.
Tobias Gentleman. *English Way to Win Wealth, and to Employ Ships and Mariners* (1614). New York, 1992.
Tolkien, J. R. R. and E. V. Gordon, ed. *Sir Gawain and the Green Knight*. Oxford, 1967.
Toyne, S. M.. *The Scandinavians in the History*. London, 1948.
Toyne, S. M.. "The Herring and History," *History Today*. Vol. 2. 1952.
Young, Alexander. *Chronicles of the Pilgrim Fathers of the Colony of Plymouth, from 1602 to 1625*. Boston, 1841.
Van Buren, E. Douglas. "Fish-Offering in Ancient Mesopotamia," *Iraq*, X. 1948, pp. 101-121.
Vickers, Daniel. *Farmers & Fishermen: Two Centuries of Work in Exxes County, Massachusetts, 1630-1850*. Chapel Hill, 1994.
Williams, Tennessee. *The Glass Menagerie*. New York. 1999.
Wilson, C. Anne. *Food and Drink in Britain*. Chicago, 1973.
Wolcott, Imogene. *The Yankee Cook Book*, Lexington, 1985.

邦文翻訳文献

上智大学中世思想研究所編訳・監修『中世思想原典集成 4　初期ラテン教父』、平凡社、1999年。

菅原邦城・早野勝巳・清水育男訳『アイスランドのサガ――中篇集』、東海大学出版会、2001年。

アピキウス原典／千石玲子訳『古代ローマの調理ノート』、小学館、1997年。

イマニュエル・ウォーラーステイン／川北稔訳『近代世界システムII――重商主義と「ヨーロッパ世界経済」の凝集　1600-1750』、

Moryson, Fynes. *An Itinerary*, Vol. 4. (1617) (rpt. London, 2018).

Nashe, Thomas. *The Unfortunate Traveller and Other Works*. Ed. J. B. Steane. London, 1972.

Nelson, William, ed. *A Fifteenth Century School Book.* Oxford, 1956.

Pluymers, Keith. "Taming the Wilderness in Sixteenth- and Seventeenth-Century Ireland and Virginia," *Environmental History*. Vol. 16, No. 4. 2011.

Poynter, F. N. L, ed. *The Journal of James Yonge (1647-1721): Plymouth Surgeon*. Hamden, 1963.

Pope, Peter E. *Fish into Wine: the Newfoundland Plantation in the Seventeenth Century*. Chapel Hill, 2004.

Prowse, Daniel Woodley. *A History of Newfoundland: from the English, Colonial, and Foreign Records*. London, 1896.

Rabisha, William. *The Whole Body of Cookery Dissected: Taught, and Fully Manifested, Methodically, Artificially, and According to the Best Tradition of the English, French, Italian, Dutch, &c.. or, a Sympathy of All Varieties in Natural Compounds in That Mystery*. 1682.

Quinn, David Beers, ed. *The Voyages and Colonising Enterprises of Sir Humphrey Gilbert, Vol. 1*. London, 1940.

Quinn, David and Alison M. Quinn, ed. *The English New England Voyages 1602-1608*. London, 1983.

Samuel, Arthur Michael. *The Herring: Its Effect on the History of Britain.* London, 1918.

Sarton, George. *Introduction to the History of Science.* Vol. 3. Malabar, 1947.

Shakespeare, William. *The Riverside Shakespeare.* Ed. G. Blakemore Evans. Boston, 1972.

Shaw, Teresa M.. *The Burden of the Flesh: Fasting and Sexuality in Early Christianity*. Minneapolis, 1998.

Simoons, Frederick J.. *Eat Not This Flesh: Food Avoidances from Prehistory to the Present*. Madison, 1999.

Smith, Adam. *The Wealth of Nations Book I-III*. Ed. Andrew Skinner. London, 1986.

Smith, John. *The Complete Works of Captain John Smith, 1580-1631*. Vols. 1-3. Ed. Philip L. Barbour. Chapel Hill and

London, 1784.

Innis, Harold A.. *The Cod Fisheries: the History of an International Economy*. University of Toronto Press, 1954.

John Adams Library. *Argument of John Quincy Adams, Before the Supreme Court of the United States: in the Case of the United States, Appellants, vs. Cinque, and Others, Africans, Captured in the Schooner Amistad, by Lieut. Gedney, Delivered on the 24th of February and 1st of March, 1841*. New York, 1841.

Kirke, Henry. *The First English Conquest of Canada: with Some Account of the Earliest Settlements in Nove Scotia and Newfoundland*. London, 1908.

Kurlansky, Mark. *Cod: a Biography of the Fish That Change the World*. London, 1997.

Latham, R. C. and W. Matthews, ed. *The Diary of Samuel Pepys*. Vol. 2. London, 1970.

Latham, R. C. and W. Matthews, ed. *The Diary of Samuel Pepys*. Vol. 5. London, 1971.

Lorwin, Madge. *Dining with William Shakespeare*. New York, 1976.

Lucian. *The Syrian Goddess*. Trans. Herbert A. Strong, ed. John Garstang. London, 1913.

McFarland, Raymond. *A History of the New England Fisheries*. New York, 1911.

Magennis, Hugh. *Anglo-Saxon Appetites: Food and Drink and Their Consumption in Old English and Related Literature*. Portland, 1999.

Markham, Gervase. *The English Housewife: Containing the Inward and Outward Virtues Which Ought to be in a Complete Woman; as Her Skill in Physic, Cookery, Banqueting-stuff, Distillation, Perfumes, Wool, Hemp, Flax, Brewing, Baking, and All Other Things Belonging to a Household*. Kingston and Montreal, 1986.

Mennell, Stephen. *All Manners of Food: Eating and Taste in England and France from the Middle Ages to the Present*. Urbana, 1996.

Miller, Shannon. *Invested with Meaning: the Raleigh Circle in the New World*. Philadelphia, 1998.

Collins, John. *Salt and Fishery*. London, 1682.
Cox, J. Stevens, ed. *News from Canada, 1628*. Dorset, 1964.
Cummont, Franz. *The Oriental Religions in Roman Paganism*. London, 1911.
Cutting, Charles L.. *Fish Saving: A History of Fish Processing from Ancient to Modern Times*. New York, 1956.
Dollinger, Phillip. *The German Hanza*. Trans. and ed. D. S. Ault and S. H. Steinberg. London, 1970.
Dyer, Christopher. *Everyday Life in Medieval England*. London, 1994.
Egil's Saga. Trans. Bernard Scudder, ed. Svanhildur Óskarsdóttir. New York, 2002.
Elder, John Rawson. *The Royal Fishery Companies of The Seventeenth Century*. Glasgow, 1912.
Elyot, Thomas. *The Castel of Helthe* (1541). New York, 1937.
Fagan, Brian. *Fish on Friday*. New York, 2006.
Falaise, Maxime de la. *Seven Centuries of English Cooking*. New York, 1973.
Fulton, Thomas Wemyss. *The Sovereignty of the Sea: an Historical Account of the Claims of England to the Dominion of the British Seas, and of the Evolution of The Territorial Waters: with Special Reference to the Rights of Fishing and the Naval Salute.* Edinburgh and London, 1911.
Galen: On the Properties of Foodstuffs. trans. Owen Powell. Cambridge, 2003.
Gibson, Edmund, ed. *Camden's Britannia, Newly Translated into English*. London, 1695.
Goodenough, Erwin R.. *Jewish Symbols in the Greco-Roman Period.* Vol. 5. New York, 1956.
Hakluyt, Richard. *The Principal Navigations, Voyages, Traffiques, and Discoveries of the English Nation*. Vol. 8. Ed. Edmund Goldsmid. Bibliobazaar, 2007.
Hariot, Thomas. *A briefe and true report of the new found land of Virginia*. London, 1590.
Harrisse, Henry. *John Cabot, the Discoverer of North-America and Sebastian, His Son*. London, 1896.
Holroyd, John. *Observations on the Commerce of the American States.*

参考文献

英文文献

A Committee of the House. *A History of the Emblem of the Codfish in the Hall of the House of Representatives*. Boston, 1895.

Bede. *Ecclesiastical History of the English People.* Ed. B. Colgrave and R. A. B. Mynors. Oxford, 1969.

Berggren, Lars, Nils Hybel and Annette Landen, ed. *Cogs, Cargoes, and Commerce: Maritime Bulk Trade in Northern Europe, 1150-1400*. Toronto, 2002.

Biggar, H. P., ed. *The Works of Samuel de Champlain, VI, Second Part of the Voyages of the Sieur de Champlain: Book III* (1632) (rpt. Toronto, 1971)

Black, Jeremy. *The British Seaborn Empire*. New Haven, 2004.

Bottigheimer, Karl S. "Kingdom and colony: Ireland in the Westward Enterprise, 1550-1650," in K. R. Andrews, N. P. Canny, P. E. H. Hair, ed. *The Westward Enterprise: English activities in Ireland, the Atlantic, and America 1480-1650*. Detroit, 1979.

Brenner, Robert. *Merchants and Revolution: Commercial Change, Political Conflict, and London's Overseas Traders, 1550-1653*. New York, 2003.

Bullough, Geoffrey, ed. *Narrative and Dramatic Sources of Shakespeare.* Vol. 8. London, 1975.

Camden, William. *Annals, or, The History of the Most Renowned and Victorious Princess Elizabeth, Late Queen of England. Containing All the Important and Remarkable Passages of State Both at Home and Abroad, during Her Long and Prosperous Reign.* Trans. R. N. Gent. London, 1635.

Carrington, C. E.. *The British overseas: Exploits of a Nation of Shopkeepers.* London, 1968.

Cell, Gillian T. *English Enterprise in Newfoundland 1577-1660*. Toronto, 1969.

Chaucer, Geoffrey. *The Riverside Chaucer.* 3rd edition. Ed. Larry D. Benson. Oxford, 1987.

[著者]

越智敏之（おち・としゆき）

1962年、広島県生まれ。早稲田大学大学院文学研究科英文学専攻修士課程修了。現在、千葉工業大学教授。専攻、シェイクスピア、アメリカ社会。著書に、『事典 アメリカの最新ヒット商品&トレンド』（中央経済社）、『英語で言うとこうなります！』（共著、竹書房）、共訳書に、ルース・ベネディクト『菊と刀』（平凡社ライブラリー）、カーラ・フレチェロウ『映画でわかるカルチュラル・スタディーズ』（フィルムアート社）、ジェフリー・T. ホルツ『子供の消滅』（五月書房）などがある。

平凡社ライブラリー 963

増補《ぞうほ》 魚《さかな》で始《はじ》まる世界史《せかいし》 ニシンとタラとヨーロッパ

発行日…………2024年3月5日　初版第1刷

著者……………越智敏之
発行者…………下中順平
発行所…………株式会社平凡社
〒101-0051　東京都千代田区神田神保町3-29
電話　(03)3230-6573[営業]
ホームページ　https://www.heibonsha.co.jp/

印刷・製本……株式会社東京印書館
ＤＴＰ…………平凡社制作
装幀……………中垣信夫

ISBN978-4-582-76963-0